U0540831

自卑与超越

What Life Could Mean To You

[奥] 阿尔弗雷德·阿德勒 著

杨蔚 译

果麦文化 出品

本书谨献给人类大家庭，
但望家人们能够通过这些篇章更好地理解自我。

目 录

第一章 生命的意义　001

人生的三大任务 /　社会情感 /　儿童成长期的经历 /
最初的记忆与梦境 /　学会合作的重要性 /

第二章 灵与肉　021

心灵与身体的交互作用 /　感受的角色 /
心理特征与生理类型 /

第三章 自卑感与优越感　041

自卑情结 /　优越目标 /

第四章 早期记忆　061

人格之钥 /　早期记忆与生活模式 /　解析早期记忆 /

第五章 梦境　　081

对梦的传统解读 /　弗洛伊德学派的观点 /
个体心理学对梦的研究方式 /　常见的梦 /　案例分析 /

第六章 家庭的影响　　105

母亲的角色 /　父亲的角色 /　家庭的关注与忽视 /
家庭中的手足平等 /　家庭顺位 /

第七章 学校的影响　　135

变革中的教育 /　教师的角色 /　课堂里的合作与竞争 /
评估儿童的发展 /　天性与培育 /　认识性格类型 /
教学观察 /　顾问委员会的工作 /

第八章 青春期　　157

什么是青春期 /　心理特征 /　生理特征 /　成年挑战 /
青春期问题 /　青春期性欲 /　期待青春期 /

第九章 犯罪及其预防　171

了解犯罪心理 /　犯罪类型 /　合作的重要性 /
合作的早期影响 /　犯罪问题的解决方案 /

第十章 工作　201

平衡人生的三大任务 /　早期训练 /　确定儿童的兴趣 /
影响职业选择的几种因素 /　寻找解决方案 /

第十一章 个体和社会　213

人类需要团结 /　社会兴趣缺乏和建立关系失败 /
社会兴趣和社会平等 /

第十二章 爱情和婚姻　223

爱情、合作与社会兴趣的重要性 /　婚前准备 /
婚姻的承诺和责任 /　恋爱 /　构筑美满婚姻 /
婚姻和男女平等 /

第一章
生命的意义

每一个人都背负着三大约束而生

它们构成了现实，人生所要面对的一切问题或疑问都因它们而生

在回答之中，我们将找到自己对于人生意义的解读

人类总是生活在"意义"之中。我们从来无法经历抽象的事物，而需要从人类的角度来体验。即便是最原初的体验也受控于我们人类的观点。"木头"指的是"木头与人类的关系"，而"石头"则意味着"作为人类生活要素之一的石头"。任何试图抛开"意义"来探讨环境的人都必将是如此不幸：他将自己与他人隔离开来，他的行为无论对自己还是对其他任何人都将是无用的——一言以蔽之，这些行为将变得毫无意义。然而，并没有任何人能真正逃离"意义"。我们只能通过自身所归因[1]的意义来体验现实——不是事物本身，而是经过解读的某物。因此，可以顺理成章地得出以下结论：意义永远是不完整的，解读的工作或多或少都未完成，甚至它可能是永远也无法被恰当而完整地阐述出来的。也就是说，意义的国度就是各种错误存在的国度。

如果我们询问某个人："生命的意义是什么？"他们很可能无法回答。绝大部分人根本就不会用这样的问题来困扰自己，遑论寻找答案了。事实上，这个问题就和人类本身一样古老，在我们的时代里，年轻人——更年长的人也不例外——偶尔会追根究底："但生命究竟是为了什么？生命意味着什么？"然而，若说人们只

---

[1] 归因（attribution），指人对他人或自己行为原因的推论过程，即观察者对行为过程所进行的因果解释和推论，是一种认知过程。

有在遭遇某些挫折时才会提出这些问题，这也是事实。假如生活一帆风顺，无须面对艰难的考验，诸如此类的问题绝不会被宣之于口。与其听其言，不若观其行，人们必定会在各自的行为中提出他们的问题，并加以解答。如果我们能够塞住耳朵，专注于观察人们的行为，就会发现每个人早已得出了他们自己所独有的"生命的意义"，而他们所有的观点、态度、行为、表情、习性、志向、习惯和个性特征都与这一意义紧密相联。每个人都表现得好像他们能够依恃某种对生命确定无疑的阐释。不言而喻，人们的一举一动中都蕴含着对于世界和自身的总结，一个"我就是这样，世界就是这样"的论断，一种赋予自身的意义、解释生命的意义。

有多少人类，就有多少种生命的意义。然而正如我们已经提及的，每一种意义在某个层面上来说都是错误的。没有人知道生活的绝对意义，也正为此，任何一种能够有所裨益的解读都不能被判定为绝对错误。所有的意义都在这两个极端之间衍生变化。然而，择善取优，我们还是可以在这么多种解读中分辨出切实有效的和乏善可陈的，掂量出错得轻微些的与错得更离谱的，进而发现较好的解读所共有的要素，以及差强人意的那部分解读中所普遍缺乏的东西。并据此寻找到一个关乎"真实"的公共尺度，一个被普遍认可的意义，从而获得解密人类现实的能力。在此，我们必须牢记，所谓"真实"，是与人类有关的"真"，是能够为人所用、所追寻的"真"。再也不会有比这更加真实的"真"了。换言之，即便有另一种"真实"存在，那也与我们无关。我们永远无法知晓它，它毫无意义。

人生的三大任务

每一个人都背负着三大约束而生，这是三个不容忽视的人生枷锁。它们构成了现实，人生所要面对的一切问题或疑问都因它们而生。它们一再在我们面前出现，我们常常不得不回答这些疑问，解决这些问题。在回答之中，我们将找到自己对于人生意义的解读。

第一大约束，是我们都生活在这个小小星球——地球的坚硬地壳表面，别无他所可居。我们必须倾尽所能，与地球资源更好地共存，同时受它的制约。我们必须健壮体魄、发展心智，来继续我们个人在地球上的生命，确保人类的存续。这是没有人能逃开的挑战。无论做什么，我们的行为都是我们对于人类生活状况的回答：它们揭示了，在我们心目中，必须的、合适的、可能的和有价值的究竟是什么。每一个答案都基于同样的事实：我们是人类的一员，人类生活在这个地球上。

考虑到人类躯体的孱弱和生存环境中潜在的各种危险，对于人类来说，修订我们的答案，放长眼光并考虑其可持续性就变得非常重要了，唯此才谈得上谋求个人的更好生活与整个人类的福祉。这就像解数学题一样，我们总得找出一种解答方法。不能指望好运，不能依靠猜测，唯一的办法就是使尽全身解数，坚持不懈地工作。我们很难找到一个绝对完美的答案来一劳永逸地构建万应灵丹似的真理，相反，我们所能做的只有竭尽所能去寻找一个接近完美的答案。并且还得不断努力，以求更上一层楼。当然，无论什么答案都无法脱离一个事实，那就是我们生活在地球上，一切的利与不利都源于此。

第二个约束，是没有谁是人类中唯一的存在。我们生活在人群中，与他人息息相关。独木难支，单一个体绝无可能与世隔绝地达成其目标。如果他们孤零零地生活，试图独自面对自己的问题，等待着他们的便只有死亡。不但自己的生活将无以为继，亦无力为人类的繁衍生息聊尽绵薄之力。因此，人们多少总会与其他人发生关联，以此来弥补自己的弱点、短处和局限。无论对于个人还是人类整体的幸福而言，贡献最大的正是伙伴关系。同样，有关生活的问题，每一个答案都受制于这一约束，都必须承认以下事实：我们生活在与他人的联系之中，一旦隔绝，即是灭亡。若要生存，哪怕是情感也要与一个最伟大的问题、目的和目标相一致——这就是，在这个星球上，我们个人的生活乃至人类的生命能够延续，全仰赖于与他人的群居共存。

第三个支配着我们的约束在于，人类由男女两性构成。个体与集体生活的存在也都必须考虑这一要素。有关爱与婚姻的问题便受制于这第三条约束，没有哪个男人或女人能够罔顾它而度过一生。人们在面对这一问题时的态度与作为便是他们对此所给出的回答。人们可以有许多种不同的方式来解决这个问题。而一个人所笃信的唯一解决之道便体现在他的行为之中。

事实上，三大约束提出了三个问题：第一，我们的星球家园里有如此多的局限，该如何在其中找出一个可赖以生存的方式或职业？第二，如何找到我们在群体中的位置，以便与他人达成合作，并享受合作的益处？第三，我们该如何自我调整，理解两性的存在以及依赖于两性关系的人类繁衍问题？

个体心理学发现，一切人类问题都可以归类到这三个主题中：职业、社会与性。通过审视面对这三类问题时的反应，人们就能够了解到他们自己对于生命意义的解读。举个例子，假设有这样一个人，他的爱情生活一片空白或不尽如人意，工作上一无所长，没什么朋友，甚至以与人交往为苦。从这种种他加诸自身的局限与制约上，我们可以推测，他必定视生存为难事，认为生活中危机四伏，少有机遇，而且常常遭遇失败的挫折。他的生命空间如此狭窄，犹如在宣示着这样的观念："生活即意味着保护自己免受伤害，把自己圈起来，全身而退。"

反过来，我们再设想这样一个人，他拥有亲密融洽的爱情生活，工作卓有成绩，朋友很多且交友广阔，无往不利。那么他一定是将生活看作一项创造性的使命，认为生活提供了无数的机遇，也不会有什么闯不过的难关。他在面对生活中各种问题时的勇气所传达的是："生活就是对人的兴趣，就是成为整体中的一份子，将我的力量贡献出来，谋求人类的福祉。"

社会情感

在这里，我们可以发现，所有错误的"生命的意义"与所有真实的"生命的意义"都有其各自的共同点。那些看起来失败的人——神经官能症患者、精神失常者、罪犯、酗酒者、问题儿童、自杀者、性变态者和卖淫者——之所以"失败"，正是由于他们缺乏同伴感和社会兴趣。在处理有关工作、友情及性的问题时，他们不相信这些问题可以通过合作来解决。他们对于生命意义的理解是完全个人化的，即无人可由他人的成就中获益。他们所追求的成功，事实上仅仅是一个成就虚幻的个人优越感的目标，而他们的成就也只对他们自己有意义。

比如，谋杀者们承认，在手持武器时会感受到一种权力感，但很显然，他们只能自我认可其重要性。对于除他们以外的人来说，诸如仅仅拥有一件武器便等于获得了某种超凡价值的推论是不可思议的。归根结底，个人化的意义其实毫无意义。只有在沟通交流中有效的意义，才是真正的意义：正如一个指代某物的名词如果只为某一个人所了解，那它便是无意义的。我们的目标与行动亦是如此，它们唯一真实的意义便是对他人的意义。每一个人都为追寻意义而努力奋斗，个人的意义完全建立于对他人生命的贡献之上，如果不能明了这一原则，人们就常常会犯错。

有一个关于小宗教教派领袖的故事：一天，她将追随者们召集在一起，告诉他们，下一个星期三就将是世界末日。她的信徒们大惊失色，立刻变卖掉所有家当，抛开一切所谓世俗的烦恼，等待着预言中滔天大祸的来临。然而，星期三静静地过去了，与往常没有任何不同。一到星期四，信徒们就怒气冲冲前来质问领袖了。"看看你给我们带来的这些麻烦，"他们说，"我们抛下了所有的财产。对每一个遇见的人说世界末日将在星期三降临，当他们嘲笑我们时，我们还坚定不移地告诉他们，消息来自一位绝对可信的权威人士。结果呢？星期三就这样来了又走了，世界仍好好地在那里。""但是，我的星期三，"这位女先知说，"并不是你们的星期三啊！"就这样，她用一个完全个人化的概念来保护自己免遭责难。因为个人化的概念是永远无法被验证的。

所有真实的"生命的意义"都有一个共同标志，那就是它们都具有普遍意义——能够为众人所分享，为他人所接受。对于生命中的种种问题来说，一套切实可行的解决方案同时也是为他人树立的样板范例，因为它提供了一个解决普遍问题的成功之道。即便是最伟大的天才也无法超脱出"卓有建树"这样的评价——只有当一个人的生命被其他人认为是举足轻重的时候，他才有可能被称为"天才"。在这样的生命中所传达出的意义总是告诉人们："生命，就意味着做出贡献。"我们并非在这里谈论所谓的动机，因为我们不在乎宣言，只关注实实在在的成果。但凡能够处理好人生问题的人，其所作所为无不传达着这样一个信号，即他们仿佛已经透彻地、自然而然地理解了生命的意义，懂得最根本的东西在于对他人的关注以及集体协作。他们所做的任何一件事看起来都符合人类的群居本性，在遇到困难时，他们会努力寻找不损害他人的方式来加以解决。

对许多人来说，这或许是一个全新的观点。人们会怀疑，说生命的意义在于奉献、关注他人以及合作，这真的是对的吗？也许还会问："那么个体呢？如果一个人永远只考虑其他人，只体现在他人的福利之中，不是一定会损害他本身的个性么？至少，在某些情况下，总得有某些人为了谋求发展而需要首先考虑他们自己的问题吧？难道不应该让某些人首先学会保护自己的利益或加强自己的个性吗？"

我相信，这种观点是一个巨大的谬误，它所提出的问题也根本就是个错误的问题。如果一个人根据他总结出的生命意义行事，希望有所贡献，而他的一切动机也都直接指向目标，那么自然就能在这个过程中成长起来，唯有这样才有可能达成最终目标。他们将根据实现个人目标的要求来打造自己，培养社会情感，在实践中日臻成熟。一旦目标确立，训练便随之而来。之后，也只有在这以后，人们才会开始武装自己，解决生命中的种种问题，磨炼自己的能力。就以爱情与婚姻为例吧。如果我们关心自己的爱人，如果我们能够竭尽所能地令爱人的生活舒适富足，那么自然就会呈现出最好的自己。反之，假如我们认为应该在一个纯粹的环境下发展自我人格，拒绝一切有利于他人的动机，那么只会成为一个嚣张跋扈、令人生厌的家伙。

关于贡献与合作正是生命的真义这一论断，还有另一个明证。

环顾周遭，如今我们继承到的一切都来自祖先的馈赠。放眼看看吧，他们留下来的全都是造福于人类的东西，农田、公路、房屋建筑，历历在目。祖祖辈辈的人生经验，借着传统、哲学、科学、艺术以及应对各种人类境况的技术传递给了我们。所有这一切，都是那些对人类福祉有贡献的人留给我们的。

其他人都到哪里去了？那些从不合作，为生命赋予了其他的意义，只会问"我能从生命中得到什么"的人，在他们身上发生了什么？终究不过是灰飞烟灭，了无痕迹。他们不仅仅是作为个体早已死去，就是在整个生命中也庸碌无为。就好像是地球本身在对他们发言："我们不需要你们。你们不配拥有生命。你们的所谓目标，所谓奋斗，所谓珍重的价值，所谓思想和灵魂，毫无未来可言。滚开吧！你们不受欢迎。灭亡吧，消失吧。"所有认为生命的意义并非合作的人们，永远只能得到一个最终判词："你一无是处，没有人需要你。走开！"当然，在我们当下的文化中还能找到许多不完美的地方。只要发现有哪里不令人满意，我们就必须去改变它，而这改变从长远来说也一定是对人类有益的。

总是有人能够明白这一事实，他们知道生命的意义便是关注人类整体，他们愿意努力促进社会利益与爱的增长。我们能够看到，所有宗教关注的都是人类的救赎之道。在人世间一切伟大的行动中，人们总是努力提升社会利益，而宗教则是其中最伟大的努力之一。只是它们常常被误读，并且也很难说究竟要如何才能比现在做得更好，除非有一个办法能更切实地解决这一共同任务。个体心理学从科学角度得出了同样的结论，同时还期望能够以科学的方式来达到目的。我相信，这是一个进步。通过提升人们对于所处群体和人类福祉的关注，或许科学比政治、宗教等其他运动都更有成效一些。尽管角度不同，但我们解决问题的方向都是一致的，那就是提高人与人之间的相互关注。

我们所领悟到的生命意义既可能成为人生历程中的守护天使，也可能成为挥之不去的恶魔，那么显然，了解这些意义的形成与由来就十分重要了——它们是怎样区别于其他意义的？万一领悟已经发生了重大的偏差，又该如何将它们导入正途？这正是心理学要做的事情，是它有别于生理学和生物学的地方，它让我们得以理解各种不同的"意义"，知晓它们是如何影响人们的行为乃至命运的。

儿童成长期的经历

早在个体的生命之初，就已经能够展现出人类对于"生命的意义"的探索了。即便是婴儿，也会努力去判断自己所拥有的力量以及在所处生活环境中的地位。五岁前，儿童已经形成了一套完整而牢固的行为模式，能够开始用他们自己的方式来应对问题和任务，我们将这称为他们的"生活方式"。他们已经形成了个人最为根深蒂固，也最恒定的概念，知道能对世界和自身期待些什么。从此以后，世界在他的眼里就被放进了一个固定的统觉[1]框架中。一切经验都得经过解读后才会被接受，而这解读又往往离不开儿童时期形成的对生命意义的原初理解。

哪怕这个意义大错特错，哪怕面对困难和任务时一再被误导，总是摆脱不了苦恼与不幸的纠缠，人们还是不会轻易放弃它。要纠正我们观念中对于生命意义的误读，唯有重新审视造成这一错误认

---

[1] 统觉（apperception），指知觉内容和倾向蕴含着人们已有的经验、知识、兴趣、态度，因而不再限于对事物个别属性的感知。

知的环境，回头寻找到错误之所在，最终完成统觉框架的修订。在极少数情形下，也可能有人被歧途导向的严重后果所迫，自行修正了他们对于生命意义的理解，从而成功调整了自己的处事方式。然而，若无一定的社会压力，若非意识到继续旧的行为态度无异自我毁灭的话，人们是绝对不会主动走出这一步的。通常来说，人们要调整其生活方式，最有效的方法是借助于训练有素的心理学家的帮助，因为他能够了解这些意义，能够帮助人们发现最初的错误，并提供一个更为恰当的生命意义。

让我们来勾勒一幅简单的图画，看看童年情境在不同方式下的诠释。对不同的个体来说，童年的不愉快经历可能会被赋予大相径庭的含义，并由此导出截然不同的对于生命意义的解读。比如，一段不愉快的经历如果对未来产生了影响，人们就会无法释怀。有人会想："我们必须努力改变这样不幸的状态，确保我们的孩子能够在好一些的环境下成长。"而另一个人也许就觉得："生命太不公平了！其他人总是那么幸运。既然老天这样对待我，我何苦要对这个世界好？"这就是为什么有的父母在提及他们的孩子时会说："我小时候也吃过很多苦、遭过很多罪啊，我都扛过来了。为什么他们就做不到？"又或许，第三个人的感受另有不同，他认为自己无论做什么都应该被原谅，因为"我有个不幸的童年"。在每个个案里，人们对于生命意义的理解都会直接体现在他们的行为上，如果不能从根本上转变观念，他们就永远不会改变行为的方式。

这是个体心理学有别于决定论的地方：经验本身无法决定成败。我们并不会因经历本身所带来的冲击而受伤——也就是所谓的"创伤"——而只是从中提取出符合我们目标的东西。决定人生的不是经验，而是我们自身赋予经验的意义。如果我们把某些特定的经历当作未来人生的基础，那么或多或少就已经开始误入歧途了。

生命的意义不为环境所决定。我们通过赋予环境的含义来决定自己的人生。

生理缺陷

然而，童年期的某些境遇常常会导致对生命的错误解读，大部分的失败人生也都发生在曾经经历过这类童年情景的人身上。幼时曾饱受身体残障和病痛困扰的儿童往往属于这一类。他们经受了太多苦楚，以至于很难感受到为社会做贡献即是生命的全部意义。除非有某个亲近的人能够引导他们将注意力从自身的种种问题转移到他人身上，否则他们的眼里多半都只看得到自己。在如今的社会里，他们的自卑感还颇有可能因那些怜悯、嘲笑或厌恶排斥的目光而越发强烈。在这种环境下成长起来的孩子很可能变得孤僻内向，丧失成为社会中有用一员的期待，甚至觉得遭到了整个世界的羞辱。

我想，我是第一个描摹出这些孩子所面临的困境的人，他们或者机体不健全，或者腺体分泌出现了失调。科学在这一分支上已经有了巨大的进步，但若是继续沿着固有道路走下去的话，我很难看出它还能有怎样的发展。从一开始，我就在寻找克服这些困难的方法，而不满足于仅仅将失败归咎于基因或生理的问题。没有什么生理障碍能够强迫一个人进入扭曲的生活方式。我们从来没有看到过，生理机能（腺体）在两个孩子身上会产生一模一样的效应。事实上，我们反倒常常看见那些克服或正在尝试克服困难的孩子一步步拥有了非比寻常的有用才能。

由此可知，个体心理学所宣扬的并不是优生学理论。许多杰出的人物天生就有着某种生理缺陷，却为我们的文明做出了巨大的贡献——其中许多一直饱受病痛困扰，甚至英年早逝。他们总是努力对抗困难，无论是生理的还是物质的，随之而来的，便是进步与发明。抗争令他们强大，令他们能够走得更高更远。我们无法从生理上来判断为什么思想会变好或变坏。然而，到目前为止，大部分身有残疾或患有内分泌类疾病的孩子还都没能得到正确的培养。他们的困境无人了解，大多数人都滑入了自我中心的深渊。为什么我们总能在那些从幼年起便遭遇生理困境的孩子身上看到那么多失败的情形？这就是原因所在。

溺爱

常常会导致儿童误解生命意义的第二种情况，便是溺爱。蜜罐里长大的孩子会觉得自己的意愿就是金科玉律，一定要得到满足。他们享受着众星拱月般的照顾，却不需要为之付出任何代价，以至于渐渐将一切看作理所当然。结果就是，等到他们不再是众人关注的焦点，其他人不再优先照顾他们的感受时，巨大的失落感便席卷而来。他们开始觉得遭到了整个世界的背叛。此前的成长经历只教会他们伸手索取，却不曾让他们学会付出，更没有告诉他们应对问题的任何其他方式。他们被身边的人照顾得如此无微不至，甚至丧失了生而为人的独立性，不知道原来自己也是可以动手做些事情的。被溺爱的孩子的主要兴趣中心只有自己，从来没能理解合作的用处与必要性。一旦遇到困难，他们唯一能想到的就是要求他人的帮助。这些曾经的宠儿从心底里坚信，只要能夺回众星拱月的地位，就能迫使其他人认识到他们是与众不同的，并且他们的一切愿望都应该得到满足。唯有如此，他们的境遇才会越来越好。

作为成年人，这些曾经被宠坏的孩子或许会变成我们这个社会里最危险的群体。其中一些人可能戴上冠冕堂皇的良善面具；有的会变得非常"可爱",却只是为了伺机左右他人。然而,一旦被要求在常规的工作中像常人一般与他人合作,他们便会"罢工"不干。也有人会表现出公然的抗拒——当他们无法再轻易找到一直以来所习惯的关怀与纵容时,便会觉得遭到了背叛,认为整个社会都在与自己为敌,于是开始试图报复他人。如果社会在这个时候表现出对他的生活方式的否定(事实上这很有可能),他们就将这种否定作为遭到了不公待遇的新证据。这就是惩罚对他们毫无用处的原因了,一切惩罚只是进一步印证了"人人都与我为敌"的观点。但无论被宠坏的儿童后来是消极罢工,还是公然抗拒,无论他们是选择"恃弱凌强",还是暴力"复仇",一切的根源仍旧在于同样错误的世界观。我们甚至会发现有人在不同的情况下使用不同的手段,但目标始终如一。在他们的心目中,生命的意义就是成为"第一",被视作最重要的人物,可以予取予求。只要坚持这样的生命意义,他们所做的任何事情就都会是错误的。

忽视

第三种容易形成错误人生观的是被忽视的儿童。这样的儿童无从得知爱与合作为何物。他们所构建出的生命意义中完全没有这类积极的因素。因此也就很容易理解,当遭遇生命中的难题时,他们总会高估困难的程度,同时低估自己获得他人帮助与善意的能力。在他们的眼中,世界是冷漠的,毫无友善可言,而且还会一直这样冷漠无情下去。更重要的是,他们无法意识到,只要做出有益于他人的努力就可以为自身赢得喜爱与尊重。因此,他们只能就这样抱着对他人的怀疑生活,甚至无法相信自己。

没有什么经历能够取代慷慨和无私所给予的影响。作为父母,最重要的职责便是让孩子在生命之初便体会到信任"他人"的价值。之后，父母必须进一步加深加大这种信任感，直至它充溢在孩子身边的整个环境中。如果他们在第一个任务上失败了，无法赢得孩子的关注、喜爱和合作，那么对于孩子来说，若想在将来建立起社会兴趣以及与他人的伙伴关系就会变得极其困难。每个人天生都有关注他人的能力，但这项能力必须经过后天的培养和练习才能得以无碍发展。

如果我们能够研究一些被忽视、仇视或不受欢迎的儿童的极端案例，就有可能发现他们完全看不到"合作"的存在，与世隔绝，无法沟通交流，全然无视一切有可能帮助他们与他人共存的东西。但是，正如我们一直以来所能看到的，这样生活的个体总是难逃灭亡。一个孩子能够顺利度过婴儿时期，就证明他已经得到了一定的关爱和照顾。因此，并不存在完全被忽视的儿童。我们讨论的其实是那些得到的关爱少于常规水准，或仅在某一些方面被忽视的儿童。简而言之，所谓被忽视的儿童，就是那些从未真正找到一个值得信赖的"他人"的孩子。可悲的是，在我们的文明里，如此多的孤儿或弃儿都经历着失败的人生，基本上，我们必须将这些孩子都纳入被忽视儿童的范畴。

这三种情形——生理缺陷、溺爱和忽视——都很有可能导致当事者对生命的意义做出错误的解读。生活在这些环境下的儿童几乎总是需要外在的帮助，方能修正他们面对问题时的行为方式。唯有依赖帮助，他们才能寻找到一种对于生命的更好的理解。假若我们稍稍留意一下——更确切地说，我们真的关注他们并且受过相关训练——就能从各种细微的言行中看出他们对生命的理解。

最初的记忆与梦境

一项针对梦境和联想的调查可能被证实是有用的：个性人格无论在梦境中还是现实生活中都不会改变，但在梦境中时来自社会的压力相对较小，也无需那么多的戒备与隐藏，个性得以更多的释放。然而要破解人们赋予自己以及个人生活的意义，最有力的帮手便是他们的记忆库了。每一份记忆，哪怕是被他们自己视为微不足道的琐事，都很重要。只要记得，就说明它们值得记忆，而之所以值得记忆，是因为这些都与他所设想的生活相关。它在对他们附耳低语，"这是你应该期待的"，或"这是你一定要避免的"，甚至断言"这就是人生"。在此我们必须重申，经验本身并非如它们在记忆中所占的地位那么重要，重要的只是它们的用途——被用来印证生命的意义。每一份记忆都经过了我们的粉饰。

要了解个体理解生命的特有方法始于何时，以及要揭示他们是在怎样的环境中形成对于生命的态度的，早期的童年记忆格外有用。最初记忆之所以拥有如此特别的地位，原因有两个。首先，它储存了个人对于自我及环境的最初基本判断。这是他们的第一份表现评估，第一个多少接近完整的自我标记，也是第一次被提出要求。其次，这是人们个体自觉的起点，直至这个时候，人们才开始书写自己的人生传记。因此，我们常常能在其中看到弱小、不足的自我感知与将强大、安全视为理想目标的反差。就心理学的目标层面而言，这份记忆究竟只是人们能够想起来的最初记忆还是真正的最初记忆，乃至这份记忆本身是否源于真实事件，都无关紧要。记忆之所以重要，仅仅在于它们所代表的含义，在于它们所展现出的对于生命的解读，乃至对于现在和未来的影响。

就让我们看几个有关最初记忆的例子，瞧瞧它们所展示出的

"生命的意义"吧。"咖啡壶从桌上掉下来,烫伤了我。"这就是生活!如果一名女子的人生以这样一种方式开端,那么她会时时感到无助,总不由自主地夸大生活中可能遭遇的危险与困难,这也就毫不奇怪了。如果她在心底里责怪其他人没有好好照顾自己,我们同样不应感到惊讶。毕竟曾有人粗枝大叶地将一个小孩子丢在一旁,让她陷入这样的危险之中。另一个对于世界的类似印象来自另一个最初记忆:"我记得三岁时曾经从童车里摔出来过。"这段最初记忆后来演化成了重复出现的梦境:"世界末日就要来了,我在午夜醒来,发现火光映红了天际。星辰纷纷坠落,另一颗星球飞快地向我们撞来。但就在撞击发生前的那一瞬,我醒了。"这名病人还是一位学生,当被问到是否害怕什么时,他回答:"我害怕无法拥有一个成功的人生。"很显然,最初的记忆和不断重复的梦境令他气馁,一直加重着他对于失败和灾难的恐惧。

一名十二岁的男孩被带来就诊,他有遗尿(尿床)的问题,而且总是与母亲发生冲突。他最初的记忆是:"妈妈以为我走丢了,冲到街上大声叫我的名字,她吓坏了。但我从头到尾都躲在家里的碗橱里。"在这段记忆里,我们可以读出这样的意味:"生命意味着通过制造麻烦来赢得关注。只有通过欺骗才能获得安全的保护。没有人关注我,可是我却能愚弄别人。"遗尿能够确保男孩始终处于担忧与关注的中心,而他的母亲则用自己的紧张和对他的焦虑肯定着男孩对于世界的认知。

在上面的案例中,这名男孩早早得到了"外面的世界充满了危险"这样有关生命的印象,并且得出了结论,即,只有别人因他的行为而不安时,他自己才是安全的。唯有如此,他才能安抚自己说,身边的人会在他需要时赶来提供保护。

下面是一名三十五岁女子的最初记忆:"那时我正一个人站

在黑漆漆的楼梯上,某个只比我大一点点的表哥打开门,跑下来追我。我被他吓坏了。"从这段记忆看来,她可能不太习惯和其他的孩子一起玩耍,尤其是无法与异性轻松相处。事实上,她的确是独生女儿,而且在三十五岁时仍然未婚。

而下面这个例子则展现出了一种发展得较好的社会情感:"我记得妈妈让我推小妹妹的婴儿车。"但即便是在这个例子里,我们仍有可能找到一些不那么积极的痕迹,比如只是擅长与较弱者相处,或是对母亲的依赖。当家庭中有新的孩子降生时,引导大孩子们一同来照顾婴儿通常都会是最好的选择,这能够帮助大孩子们学会关怀家庭中的新成员,并给他们提供分担责任、帮助他人的机会。如果大孩子们愿意帮助父母,他们就不会觉得新生婴儿抢走了原本属于自己的关怀与重视,不会心怀怨恨。

想要与人共处的欲望并不总是意味着对他人的真正关注。在被问到最初的记忆时,有一名女孩这样回答:"我在跟姐姐和两个女孩朋友一起玩。"在这里,我们很自然地看到了一个孩子正学着与人相处。然而,当她提及自己最大的恐惧时,我们才对她有了更深的了解。她说:"我害怕被扔下。"由此,我们应当可以察觉到独立性的缺乏。

一旦找到并理解了一个人赋予生命的意义,我们就拥有了解密他整个人格的钥匙。人们常说"本性难移",持有这种观点的人只不过是从来没有找到过那把正确的钥匙。正如我们已经看到的,如果不能找出最初的错误之所在,那么一切论证或治疗都必然是徒劳的。而唯一的改进之道就是帮助人们以一种更强调合作、更有勇气的方式来看待生命。

学会合作的重要性

合作是我们对抗神经官能症倾向的唯一安全保障。所以，很重要的一点就在于，应该培养和鼓励儿童学会合作，应当允许他们自行探索与同龄人融洽相处的方式，可以是通过共同的小任务，也可以是通过一起游戏。任何对于合作的阻碍都可能导致非常严重的后果。比如说，被宠坏的孩子就只学会了关注自己，即便到了学校，对他人漠不关心的情况也不会改变。功课对于他们的吸引力只在于能够借此赢得老师的偏爱。他们只听得进去那些对自己有利的东西。成年以后，社会情感的缺乏在他们身上会表现得越来越严重。早在第一次曲解生命意义的时候，他们就已经终止了对于责任和独立这两大命题的学习。事到如今，他们毫无应对生命中的考验与困境的能力，满心痛苦。

我们不能因为幼年时的错误去苛责成年人，只能在他们尝到恶果时伸出援手加以补救。我们不能指望从未学过地理课的孩子在这门科目上考取高分，同样，也不能期待一个从未学过合作的孩子能正确应对需要合作的任务。但一切有关生命的问题还是得依靠合作的能力来解决，每一项人生使命都不得不在人类社会的框架里，通过谋求人类幸福来实现。生命意味着奉献，个人只有真正理解了这一点，才能充满勇气地直面自己的难题，并保有胜利的可能。

如果老师、父母和心理学家们了解了在探求生命意义时可能出现的种种错误，如果他们自己避免了这些错误，我们就可以相信，那些缺乏社会情感的儿童最终都能对自身能力和生活机遇有更好的感受。当遇到困难时，他们会锲而不舍地努力尝试，而非寻找一种更轻松的方式来逃避，甚至将包袱甩给他人；他们不会再要求额外的关注或特别的同情；不会满心羞辱地试图寻求报复，不会愤愤质问："生命有什么用？我能从中得到什么？"而会说："我们必须对自己的生命负责。这是我们自己的使命，我们能做到。我们是自己行为的主宰。如果有什么需要除旧布新的，那也只有我们自己能够完成，无需他人。"倘若生命被赋予了这样的面貌，成为独立个体之间的合作，那就再也没有什么能够阻止人类文明前进的脚步了。

第二章
灵与肉

从生命的最初阶段到最后时光
身体和心灵作为一个不可分割的整体进行着合作
它们都是生命的组成部分

心灵与身体的交互作用

究竟是心灵支配身体还是身体支配心灵,人们总是为这个问题争论不休。哲学家们也早已加入了这一论战,孰是孰非,各执一词。他们自称为唯心主义者与唯物主义者,为此争论了成百上千次,但这个问题看起来还是那么棘手,至今悬而难决。或许个体心理学能够为解决这个问题提供一个思路,因为在个体心理学里,我们真正关心的是心灵与身体的日常交互影响。个体——包括心灵与身体——前来寻求帮助,而如果我们的治疗有所偏差,就无法帮助到他们。因此,我们的理论必须植根于实际经验,并能够经受得住实践的考验。我们必须面对这些交互作用所导致的结果,而且有最大的动机来寻找正确的切入点。

个体心理学的发现已经消解了许多源于这一问题的对立冲突。它不再仅仅是个简单的"非此即彼"的问题了。我们可以看到,无论心理还是身体都是生命的体现:它们都是生命这一整体中的组成部分。与此同时,我们也开始理解两者在这样一个整体中相互作用的关系。人的生命仰赖于行动,仅仅发展身体是不够的,因为行动少不了脑力的调节支配。一株植物可以生根发芽,但它只能停留在一个地方,无法移动。因此,如果一株植物有头脑,或是任何一种我们所能理解的心智感觉,那都将非常令人吃惊。就算它能够预见未来，这个功能对它来说也是毫无用处的。比如说，一株植物想到"有人要来了，他马上就要踩到我了，我就要被踩断了"，可是它又能怎么办呢？作为植物，它终究无法转身逃开。

然而，一切能够行动的生物都能预见事情的发生，并据此决定行动的方向。这就暗示了他们是有头脑或灵魂的。

> 知觉你当然是有的，
> 否则你就不会有行动。
> ——《哈姆雷特》第三幕第四场

这种预见并指挥行动的能力是心灵的核心机能。一旦我们认识到这一点，就能明白心灵是如何支配身体的——它负责为行动设定目标。仅仅是不时地触发随机行动还远远不够，必须有一个明确的目标。既然是心灵的职能确定了行动的方向，所以心灵就处于生命的主导地位。反之，身体也会对心灵产生影响，毕竟行动的是身体本身。只有借助于身体的物理能力，不超越它的限制，心灵才能指挥身体行动。举例来说，如果心灵要指挥身体飞上月球，那除非找到一种克服身体局限的技术，否则它注定要失败。

人类的活动比其他任何生物都要多。这不仅是说他们的活动方式更多——这一点从人类手部的复杂动作中可以看出——还在于人类有能力通过自身的行动来影响环境。因此，我们可以认为，人类心灵对于未来的预见能力得到了高度发展，同时人们也表现出明确的目的性，以期通过有目的的努力来改善自己的命运。

我们还能看到，除了阶段性的目标和相应行动之外，在每一个人类个体的行动背后，都有一个包罗万象的单一行动。我们的所有努力都是为了获得安全感。这样一种感觉与人们身处的情境有关，它意味着我们已经克服了生命中所有的困难，终于生活在安全与胜利之中。考虑到这样的目标，一切行动和表现都必须协调统一。而为了达成最终的理想目标，心灵也不得不完善成长。

身体也是如此。它也要努力成为一个整体：理想的目标早已深植于胚胎之中，身体在始终为之努力发展。打个比方，假如皮肤破了，身体就会着手修复使其完好如初。然而，身体并非孤军奋战在发掘自身潜能的工作中，心灵会在它的发展过程中提供帮助。锻炼、训练乃至常规卫生保健的价值都已得到验证。在奔向最终目标的过程中，这些都是心灵给予身体的帮助。

从生命的最初阶段到最后时光，这种关于生长与发展的合作始终不曾中断。身体和心灵作为一个不可分割的整体进行着合作。心灵如同马达，调动它在身体中所能发掘的一切潜能，使其成为牢不可破的安全堡垒。而在身体的每一个行动、每一个表情和征兆中，我们都能看到心灵目标的印记。一个人在行动，那么行动中总有某种意义。人们转动眼睛，移动舌头，扭动脸上的肌肉，这便是表情，表情自有其意义，而正是心灵赋予表情意义。现在，我们可以开始探讨心理学——或关于心灵的科学——所要应对的究竟是什么了。心理学的宗旨在于研究个人所有表现的含义，找出他或她的目标，并将这个目标与其他人的进行比较。

在为了达成"安枕无忧"这一最终目标的努力过程中，心灵常常需要将目标具体化，也就是说，弄清楚哪里是"安全"的，如何才能到达。当然，总会有走岔路的时候，但若是没有明确的目标和方向，就根本不会有行动。当我移动我的手时，心里一定已经有了一个行动的目的。有时候，心灵选出的方向可能通往灾难，但这只是因为心灵错误地判断了形势，以为这个方向有最大的利益。所有心理上的错误都是这种行动方向选择上的错误。安全的目标是人类所共有的追求，只是有的人在寻找它的所在时发生了偏差，选择了错误的方向，以至于走入歧途。

如果我们看到一个表现或病征，但却无法理解它背后的含义，那最好的办法就是，首先尽可能将其简化为一个单纯的行为。让我们举个例子吧，就说偷窃。所谓偷窃，就是将别人的东西据为己有。分析一下这个行为的目的，无外乎是：窃取财物来让某人变得富有，并且因为拥有更多的财产而获取更多的安全感。那么行为的根源就在于贫穷和有所缺失的感受。下一步要做的，就是找出个体处在什么样的环境中，以及在什么条件下会感到有所缺失。最后，我们就能看到，他们是否采用了正当途径来改变环境和克服缺失感。他们是不是已经找到了正确的方向？抑或选择了错误的方式来满足自己的愿望？我们无需责备他们的最终目标，但或许可以指出他们所走的道路是错误的。

正如在第一章中提到过的，在生命最初的四五年里，个体就已经奠定了自身心灵统一的基础，并建立起了身体与心灵之间的联系。在这个阶段，他们将自己遗传得来的能力以及从周围环境中得到的感悟加以消化、处理、调试，以此获得优势。在第五年的最后，个性就已经形成了。他们对于生命意义的勾勒，对于目标的追寻，他们的行事风格乃至情感倾向都已定型。这些在日后也可能被改变，但前提条件是，他能够摆脱童年时形成的错误观点的桎梏。正如他们之前的思想和行为都与其对于生命意义的诠释相一致，现在，如果他们能够纠正自己的错误统觉，那么之后的思想与行为也会与其对于生命的全新解读相一致。

个体通过感官与所处的环境发生接触并接受刺激。因此，从人们训练自己身体的方式中我们可以看出，他们从环境中接受到怎样的影响，又如何应用他们的经验。如果我们能够留意到人们观察、聆听的方式，了解到能够吸引他们的都是什么，就能对其人有较深的了解。这就是姿态之所以重要的原因。它们能告诉我们，个体是如何训练自己的感官，又是如何利用它们来选择表达方式的。每个姿势都自有其含义。

现在，可以加上我们对于心理学的定义了。人类的感官受到刺激后会产生各种心理反应，而心理学就是一门理解分析这些反应的学科。同时，我们也能够渐渐了解，人与人之间巨大的心灵差异是如何形成的。如果身体无法适应周围环境，难以满足环境的要求，那么往往会成为心灵的负担。所以天生残疾的儿童心智发展相对较为迟缓。对他们的心灵来说，要影响并指挥身体优化发展，难度会更大一些。残疾孩子需要付出比其他人更多的心智努力、更集中的精神，才能达成同样的目标。这往往会导致他们的心灵变得不堪重负，个性则容易变得自我中心、傲慢自负。当儿童总是关注他们自身的生理不足和在行动上的困难时，就很少有精力顾及自身以外的事物了。他们既没有时间也没有自由去关注其他的人与事。结果就是，他们的社会情感和合作能力都会相对较弱。

生理缺陷会带来许多障碍，但这些障碍并不意味着无可变更的命运。如果心灵本身积极活跃，努力着要克服障碍，那么这个人也有可能和那些天生健全的人一样成功。的确，尽管受到重重阻碍，身有残疾的孩子仍旧常常能取得优于天赋更好的孩子的成就。例如，有一个男孩，因为视力缺陷受到了非同一般的压力，于是更努力地集中精神想要看清楚，对于视觉世界投入了更多的注意力，对分辨颜色和形状更有热情。结果，与那些从未尽心费力去观察的孩子们相比，他对于视觉世界的鉴别力反而要好得多。就这样，原本的短板也可以转化为巨大的优势——但只有当心灵找到了克服不足的方法时才有可能。

许多画家和诗人都饱受视觉障碍的困扰。但这些不完美都被训练有素的心灵所克服，最终的结果就是，他们比其他拥有良好视力的人更懂得运用自己的眼睛。同样的补偿作用在另一种情况下可能更常见，那就是完全看不出是左撇子的孩子。在家里，或在刚进入学校时，他们都被训练使用他们原本并不出色的右手。就这样，他们为原本并不具备优势的书写、绘画和手工做好了准备。我们可以预期，如果心灵能够克服这些困难，那么，原本有缺憾的右手就往往能够发展出高超的技巧。事实恰是如此。许多天生左撇子的孩子能用右手写出更漂亮的字，表现出更高的绘画天赋，甚至在做手工艺时更为灵巧。通过找到正确的技巧，借助积极性、训练和练习，他们将劣势转化为了优势。

只有那些希望为整体出力而非局限于关注自身的孩子，才有可能成功学会弥补自己的不足。如果一个孩子只想着摆脱自己所遇到的困难，他就会一直落在后面。只有当他发自内心地找到了一个能够激励自己的目标，并且这个目标所带来的成就比阻挡他的障碍更大时，这个孩子才有可能打起精神来。

人们的兴趣和注意力指向何方，这是一个问题。如果朝着自我之外的目标而努力，那么自然而然地，他们就会很好地训练自己，做好准备，以求达成目标。任何困难在他们眼中都不过是成功路上需要跨越的障碍而已。反过来，如果他们的兴趣点只在于强调自身的不足，或是虽然对抗这种不足，但只是为了使自己从中脱身，他们就很难取得真正的进步。一只笨拙的右手不会因为人心里想着要变得灵巧，盼望着少些笨拙，甚至避开那些会显示出其笨拙的场面，就变成了灵巧的右手。只有通过实打实的练习，笨拙的手才有可能灵巧起来，并且对于"将来能够做好"的渴望，要远远超过当下的笨拙所带来的挫败感。如果孩子们要调动他们的能量来克服困难,那么一定得有一个外在于自身的行动目标,这个目标建立在对于现实、他人乃至合作的兴趣之上。

关于遗传特征及其可能发生的作用,我在研究有遗传性肾病的家庭时发现了一个好例子。这些家庭中的许多孩子都受到遗尿这一问题的困扰。不同于上一章的例子,这是真实的生理残疾。它可能表现为肾病、膀胱疾病或是所谓"脊柱裂"(spina bifida),也常常有存在腰椎问题的可能,这可以从对应区域皮肤表面的痣或胎记上加以推测。然而,这种生理缺陷并非遗尿的唯一原因。孩子们并不能完全控制他们的身体,他们只是以自己的方式来使用它。比如,有的孩子只是在夜里尿床,却从来不会在白天尿湿自己。有时,由于环境或父母态度的变化,固有的习惯会突然消失。如果孩子们不再利用自身的不足来达到他们错误的目的,那么遗尿是可以克服的。

遗憾的是,大部分遭遇遗尿问题的孩子都接受到了错误的刺激,以至于不去试图克服,而是任其发展。有经验的父母能够给予孩子适当的训练,而没有经验的父母则有可能导致这一趋势毫无必要地延续下去。通常来说,在遭遇肾病和膀胱疾病困扰的家庭中,便溺这件事情往往承受了过多的压力。父母太过努力于制止遗尿的发生,这恰恰是不适当的。如果孩子们发现这件事情被过分强调,他们就可能开始发起抵制。这将给他们一个绝好的机会来表达他们对于这类训练的反抗。而这些反抗父母处理方式的孩子,总是能够抓住父母最大的弱点来发起进攻。

德国一位非常有名的社会学家发现,相当一部分犯罪者的父母所从事的工作都与阻止犯罪有关,如法官、警察或狱警。而老师的孩子常常冥顽不灵。我自己的经历证实了这个结论,而且我还发现,心理学家的孩子出现精神问题的比例惊人,而牧师的子女中常常出现少年犯。同样地,如果父母在便溺问题上太过紧张,孩子就很有可能通过他们的遗尿来表达：他们有自己的意愿。

梦境是如何唤起与人们倾向行为相应的情绪的？在这一点上，遗尿也为我们提供了一个好例子。尿床的孩子常常梦到他们起床去了厕所。通过这种方式，他们解脱了自己的负疚感：现在，他们可以放心地尿了。尿床有以下几种目的：引起关注，操纵他人，争取在黑夜里得到和白天同样的关注。有时它也被用于制造对立，这个习惯就是战斗的宣言。无论我们用什么方式来审视它，很显然，遗尿就是一种创造性的表达方式：孩子们用他们的膀胱而不是嘴来说话。生理上的问题不过是为他们提供了一个表达自我观点的方式。

用这种方法来表达自我的孩子们大都承受着某种压力。通常，他们都是些被溺爱的孩子，但出于某种原因却不再是家人关注的中心。或许是有另一个孩子出生了，他们发现自己再也难以得到父母全心全意的关爱与照顾。在这种情况下，遗尿代表着孩子想要拉近与父母的关系，哪怕是通过这种不太愉快的方式。事实上，这是在说："我还没有你以为的那么大，我仍然需要被照顾呢。"

在不同的环境，或是不同生理缺陷的前提条件下，孩子会选择其他的方式来达到同样的目的。比如说，他们可能整夜哭闹不休，通过制造声音来赢得关注。一些孩子会梦游、梦魇、掉下床铺，或是口渴要水喝。引起所有这些表现的心理动机都是一致的。而具体选择的症状则一部分取决于孩子的生理伪装，一部分取决于外在环境。

这些案例都很清晰地展示了心灵作用于身体的影响力。很有可能的一点是，心灵不单影响到某个特别的生理症状的选择，还决定和影响着一个人的整体体质。关于这个假设我们并没有直接的证据，何况也很难确定究竟怎样的证据才算成立。然而，一切迹象都已经十分明显了。如果一个男孩性格羞怯，那么他的羞怯就会反映到他的整体发展中。他不想进行身体锻炼，或者说，他无法想象这是自己能够做到的事情。结果就是，他绝不会有效地锻炼自己的肌肉，并会忽略一切相关的外在影响，哪怕这些影响通常总是能刺激肌肉生长。而另一些孩子则会允许自己将兴趣投注在锻炼肌肉上，与封闭了这种兴趣的羞怯孩子比起来，他们在健身训练上所能取得的成绩会更加出色。

从以上种种观察中我们有理由得出结论：身体的整体外形和发展受到心灵的影响，并且能够反映出心理上的错误和缺失。我们常常能够看到，如果一个人无法找到弥补其身体缺憾的满意方法，那么他的身体状况就会明白无误地将心理和情绪的问题统统暴露出来。例如，一个人在四五岁之前，内分泌腺本身是可以受到影响的。腺体的缺陷并不能对行为产生强制性影响，但它们却会不断受到各种其他因素的影响——包括整体环境、孩子寻求接受影响的方向与途径，以及他们心灵的创造性活动。

感受的角色

所谓"文化"，便是人类活动对所处环境做出的改变——人们的心灵引导身体做出各种行为，其结果便是我们的文化。心灵启迪我们的工作，同时指引并辅助身体的成长。最终，我们会发现，每一种人类的表达方式都打上了心灵决断的标记。然而，这绝不意味着一味强调心灵的重要性是可取的。如果我们要克服困难，健康的身体必不可少。因此，心灵所要做的其实是控制环境，保护身体免于病痛、疾患、死亡、伤害、事故和功能损伤。这就是我们为什么要进化出喜悦与痛苦的能力、想象力以及辨别环境优劣的判断力。

感觉训练身体对每种情形做出特定的反应。幻想和辨识都是预见未来的方法，却又不仅限于此。它们激发出恰当的感觉，以使身体做出反应。通过这种方式，借助于人们对生命意义的描绘和设定的努力的目标，个体的感受得以成型。尽管感受在很大程度上支配着人们的身体，人们却并不依赖于感受——人们总是首先依赖于他们的目标以及与之相应的生活方式。

很明显，个体的生活方式并不是影响他们行为的唯一因素。如果没有更多的协助，态度本身并不会导致行动。要引发行动，还需要感受来进一步强化动机。在个体心理学的观点中有一个新的发现，即我们观察到感受从不会与生活方式相悖。感受总会自我调节到与目标相适应。这使得我们超越了生理学或生物学的范畴——感受的起源并不能被化学原理所解释，也不能被化学实验所预知。在个体心理学中，必须以生理过程为先决条件，但我们更感兴趣的却是心理目标。例如，对于焦虑，我们更关心它的目的与目标，而非它作用于交感神经和副交感神经所产生的影响。

以此推断，焦虑既不会因为性压抑而生，也不会是可怕的出生经历的后遗症。这些解释都太离谱了。我们知道，习惯了父母的陪伴、帮助和支持的孩子有可能发现，只要表现出焦虑就可以有效地控制父母，至于焦虑从何而来则并不重要。同样，我们也不满足于对愤怒的生理性描述，经验告诉我们，愤怒事实上是一种用于控制某个人或某种情形的工具。虽然我们承认自己所有的生理和精神特征都来自遗传，但必定要将注意力引向如何利用这种遗传来努力达成确定的目标。看起来这就是心理学研究的唯一正确方法。

在所有的个体中，我们都可以看到，依据实现其个人目标的基本需要，感受的成长发展有着特定的方向，并能最终达到相应的程度。他们的焦虑或勇气，快乐或悲伤，总是与个人的生活方式相一致：它们的相关力量和优势表现恰恰符合我们的期望。利用悲哀来达成其优越感目标的人不会对他的成就感到满意或欢欣鼓舞。他们只有在悲伤之中才能快乐！我们还注意到，感受可以随意愿而出现或消失。广场恐惧症患者在家里或支配他人时就不再有焦虑的感觉。每个精神病患者都会避开生活中那些他们觉得无法掌控的部分。

情感与个人的生活方式一样固定不变。比如说，除了面对更弱小者时的傲慢或有所依恃时的勇气之外，懦夫始终是懦夫。他们可能要加上三道门锁，养一群看门狗，装上防盗警报器，却仍然坚称自己像狮子一样勇敢无畏。没有人能够证明他们的焦虑感，但是，在不厌其烦的自我保护之中，他们个性中的怯懦却早已表露无遗。

在性与爱的方面也有类似的证据。当个体的脑海中有了一个性对象时，有关性的感觉就会油然而生。通过专注于他们的性对象，人们尽力排除一切与之冲突的偏好和矛盾的兴趣，唯有这样，才能唤起恰当的感受和功能。如果这些感受和功能出现缺失，其具体表现可能是阳痿、早泄、性异常和性冷淡，很明显，这时他已经不愿再抛开那些不恰当的偏好与兴趣了。这类异常出现的根源通常都在于错误的优越感、目标和生活方式。我们总是能在这类病例中发现，患者无一例外地期望着获得同伴的给予，却很少付出，他们缺少社会情感，也缺乏勇气和乐观精神。

我的一名病人在家中排行老二，他深受无法摆脱的罪恶感的困扰。他的父亲和哥哥都极其重视诚实这种品质。然而，在他七岁那年，他告诉学校老师，自己独立完成了一份家庭作业，可事实上，这份作业是哥哥帮他做的。这个男孩将他的罪恶感隐藏了三年。最后，他去见老师，坦承了这个糟糕的谎言。可老师只是付之一笑。接下来，他又哭泣着找到父亲，做了第二次坦白。这次他更成功一些，父亲为儿子的诚实而感到骄傲，夸奖并安慰了他。但尽管父亲原谅了他，男孩还是非常沮丧。至此，我们很难回避以下的结论：

这位男孩为了这样微不足道的过失而如此严厉地自责,其实是想要证明自己高度的诚实与严谨。家庭中高尚的道德氛围使他期望在诚实方面有卓越的表现。面对哥哥在学业和社会上的成功,他感到自卑,因此努力尝试另辟蹊径来争取优越感。

在后来的生活中,他还经历了各种其他形式的自我谴责。他开始手淫,而且从未在学习期间根除欺骗行为。每当考试之前,他的负罪感就会进一步加重。渐渐地,他遇到越来越多此类困难。出于过分敏感的道德心,他的心理负担比哥哥重得多。于是,每当无法企及哥哥所取得的成绩时,自我谴责就成为他自我开脱的借口。大学毕业后,他原本打算找份技术工作,但强迫性的负罪感如此之深,以至于他不得不整天地向上帝祷告祈求宽恕。自然,他也就没有时间去找工作了。

到后来,他的精神状态每况愈下,不得不被送进了一家精神病院,在那里,人们认为他已经无可救药了。但一段时间之后,病情有了起色,在做出了一旦反复就能够再次入院的承诺之后,他离开了医院。他改行学习艺术史。当考试再次来临之前,他在一个公共假日里跑到教堂,扑倒在众人面前哭喊:"我是所有人中最大的罪人!"就这样,他再次成功地让大家注意到了他敏感的良心。

在医院又度过一段日子之后,他回到了家中。一天,他赤裸着下楼吃午饭。他身材健美,在这一点上,是足以与他的兄弟或其他人一较短长的。

这名病人的负罪感是表现他比别人诚实的工具,这就是他努力获取优越感的方式。但他的挣扎却指向了生活中无用的那一面。对于考试和工作的逃避证明了他的怯懦和高度的能力不足。而他的整个精神病征则都是在刻意逃避所有他害怕失败的活动。在教堂里的自我贬低也好,耸人听闻地走进餐厅也好,显然都是在以同样拙劣的方式来赢取优越感。他的生活方式决定了这样的行为，而他产生的感受完全与其目标相符合。

另一个证据或许能够更清晰地表明心灵对于身体的影响，因为它是一种大众更为熟悉的现象，导致的是短暂而非永久性的生理状况。这个事实就是，在某种程度上，每一种情绪都有其相应的身体表现。个人会以某种可见的方式来表达他们的情绪：或许是在姿势和态度中，或许是挂在脸上，或许隐藏在四肢的颤抖之中。类似的变化也能在器官本身上体现出来。比如说，人们突然脸红或是变得面色苍白，这就意味着血液循环受到了影响。愤怒、焦虑、悲伤和任何其他情绪都在我们的"肢体语言"中找到了表达方式，而每一个人都有他自己独特的肢体语言。

一个人在害怕时会发抖，而另一个人可能发根倒立，第三个人则心悸不已。还有其他人可能出汗、窒息、声音嘶哑，或是畏缩后退。有时人体的平衡也会受到影响，可能没有食欲或是呕吐。对于某些人，这些情绪影响到的可能是膀胱；而对另一些人，受影响的却是性器官。许多儿童在考试时会有受到性刺激的感觉，而大家都知道，许多罪犯在实施罪行之后都会跑去妓院或他们的情人那里。在科学领域里，我们发现，有的心理学家宣称性与焦虑不可分割，而有的却声称两者风马牛不相及。他们的观点都是基于个人经验的主观意见。因此才会有人能看到两者的联系，有人却完全看不到。

所有这些反应都来自不同类型的个体。研究可能会发现这些反应又多少与遗传有关。将家庭作为一个整体来看待的话，某些身体反应能够提示我们找到他们的弱点和癖好。在同样的情境下，家庭中的其他成员很可能表现出非常近似的身体反应。然而，在这之中最有趣的，是观察心灵如何通过情绪来触发身体变化。

情绪和人们的身体表达会告诉我们，心灵在判断利弊之后是如何行动并做出反应的。比如说，在发脾气时，个体希望尽快解决他们的困难。对他们来说，看起来最好的办法莫过于打击、指责或攻击另一个人。接下来就轮到愤怒去影响身体器官，调动它们行动或是让它们紧张起来。有的人生气时会胃疼或脸红脖子粗。他们的循环骤然发生如此大的变化，以至于可能引起头疼。在偏头痛或是习惯性头痛的人身上，我们通常都能发现压抑的愤怒或耻辱感。而对有的人来说，生气则会导致三叉神经痛或癫痫发作。

情绪对身体产生影响的方式还没有被弄清楚，或许我们永远也不会彻底了解它。心理紧张同时对自主神经系统和非自主神经系统发生作用。当出现紧张时，自主神经系统会自动做出反应。人们会猛拍桌子、咬嘴唇或撕纸片。如果他们感到紧张，似乎就会不由自主地做出某些动作。啃铅笔或自己的指甲为他们缓解紧张感提供了一个渠道。这些行为告诉我们，他们感觉受到了某种情况的威胁。同样的道理，当他们身处陌生人之间时，就会脸红、开始发抖，甚至抽搐——这些全都是由焦虑和紧张所引起的。通过非自主神经系统，紧张感传遍了全身。就这样，任何一种情绪都会引发整个身体的紧张。但紧张的表现也并不总是像上面提到的例子那样明显，我们在这里只是列举出那些能够明确显示出与神经紧张有所关联的身体症状。

如果我们研究得更深入，就应该能够发现，身体的每个部分都与一种情绪表达相关，而这种身体表达就是心灵与身体相互影响的结果。既然心灵与身体是我们同样关注的一个整体中的两部分，那么观察心灵之于身体和身体之于心灵的交互影响始终都是非常重要的。

从这些证据中可以顺理成章地得出结论：个人的生活方式以及相应的情绪倾向都会对身体发展产生持续的影响。如果能够确定儿童的性格和生活方式很早就会定型，那么只要有足够的经验，我们就应当能够判断出他们未来的身体表达方式。勇敢者的心理态度将直接表现在他们的体格上。他们的身体会与别人不同，肌肉更加发达，举止更加端方。姿态很有可能是影响身体发育的一个重要因素，在一定程度上造就了健美的肌肉。勇敢者的面部表情也是不一样的，到最后，所有的外在身体特征都会受到影响，甚至连头骨的形状都会改变。

如今已经很难否认心灵对大脑运作的影响了。病理学的若干病例已经证明，对于那些因为左脑受伤而失去读写能力的患者，只要通过训练大脑的其他部分，就能重新获得这项功能。通常情况下，这发生在中风患者或受损部分的大脑无法恢复的患者身上。其他部分的大脑替补上来，并将身体器官的功能再次载入存档。在帮助证明个体心理学在教育上的实用性时，这个例子尤为重要。如果心灵可以对大脑施加这样大的影响，如果大脑也不过只是心灵的工具——最重要的工具，但也仅仅是一个工具而已——那么我们就能找到发展和改进这种工具的方法。人们再也不必终身受制于个体天生的脑力：会有各种各样的方法来训练我们的大脑，使其更加适应生活的需要。

然而，一颗选错了生命目标的心灵——例如，没有培养出合作能力——将无法成功地为大脑提供有益的影响，帮助其发展。基于这个理由，我们发现，许多缺乏合作能力的儿童在后来的人生中也无法完全发展他的智力或理解能力。既然成年人的言行举止能够揭示出在他生命头四五年里所构建生活方式的影响，既然他们所勾勒的世界观和生命意义所导致的结果全都一览无余，我们就能够从中找出困扰他们合作的障碍，并帮助他们纠正错误。在个体心理学中，我们已经奠定了走向这门科学的基础。

心理特征与生理类型

许多作者都已经指出,在心灵表达和身体语言之间存在着一种恒定的关联。然而,看上去还没有人试图探究两者间的因果关系或连接的桥梁。比如克雷奇默尔(Kretschmer),他曾经描述过如何通过研究一个人的身体特征来找到相应的心理和感情特征。就这样,他将大部分人划分成了若干类型。例如有着圆脸、短鼻子和肥胖趋向的矮胖型人,就像莎士比亚笔下的尤里乌斯·恺撒所说的:

我愿身边的人都身体肥壮,
脑袋溜光,通宵安眠。
——《尤里乌斯·恺撒》第一幕第二场

克雷奇默尔将特定的心理特征与这类体型关联了起来,但他并没有解释清楚这种关联的原因是什么。在我们自己的社会里,这类体型的人并没有显示出身体上的不足:他们的身体完全能够适应我们的文化。在生理层面上,他们觉得自己与其他人一样健康。他们对自己的力量充满信心。他们并不会紧张,哪怕需要干上一仗,他们也觉得自己完全没有问题。不管怎样,他们没有必要将他人视作敌手,也不必在充满敌意的生活中苦苦挣扎。一个心理学派将他们称为"外向者",但却没有给出任何解释。然而,我们之所以称他们为"外向者",是因为身体并不会给他们带来焦虑。

在克雷奇默尔的分类法中,另一个截然相反的类型是神经质型人,这类人看起来就像孩子一样,身形非常高,有着长长的鼻子和蛋形的脑袋。克雷奇默尔相信神经质型人是冷淡、内省的。一旦他们遭受心理困扰,就很可能变成精神分裂症患者。他们就是恺撒口中的这一类人：

> 那个卡西乌斯看上去饥饿消瘦，
> 他思虑太多，这样的人很危险。
> ——《尤里乌斯·恺撒》第一幕第二场

或许这类型的人受到身体缺陷的困扰，成长过程中更加以自我为中心，更悲观，也更"内向"。或许他们会要求更多的帮助，而一旦他们发现自己没有得到足够多的关注，就会感到痛苦、多疑。但无论如何，我们都可以找到许多混合的类型，这一点克雷奇默尔也是承认的，哪怕是矮胖型的乐观者也可能发展出属于神经质型人的心理特征。如果是成长环境培养他们向这个方向发展，使他们变得胆小羞怯、容易沮丧，那么我们就能够理解了。通过有系统的打击，我们或许能够将任何孩子变成神经质的人。

借助于长期的经验，我们就能够从这种种表现中判断出一个人与他人合作的能力究竟如何。人们一直在下意识地寻找这样的信号。合作的必要性一直在对我们提出要求，虽非科学，但直觉已经指引我们找到了许多暗示，并告诉我们，如何在这混乱无序的生活中更好地找准方向。同样地，我们可以看到，在每一次历史大变革之前，人们的心灵就已经意识到了改变的需要，并努力向这一目标推进。由于这种努力纯粹是本能的，因此也很容易犯错。人们总是不喜欢那些具有明显身体特征的人，对容貌丑陋或身体畸形的人避之唯恐不及。不知不觉中，人们已经判定这些人是无法适应合作的。这是个严重的错误，但人们的判断或许正是基于经验。对于这些身体有异常的人，目前还没有找到有效提高其合作能力的方法。他们的缺陷因此被放大，而他们本身也就成了大众迷信的牺牲品。

现在，让我们来做个总结吧。在人生的最初四五年里，儿童确立了他们的精神诉求，奠定了心灵与身体之间的根本联系。固定的生活方式已经成型，并具有相应的情绪、身体习惯与特质。这种生活方式中已融入了一定程度的合作能力，而正是靠着这些合作能力，我们学会了评价和理解他人。举例来说，所有失败都有一个共同点，那就是缺乏合作能力。到这个时候，我们就能给心理学另外下一个定义了：它就是对合作力缺乏的理解。既然心灵是一个整体，而同样的生活态度也贯穿了它的所有表达，个体的所有情绪、情感和思想必定与其生活方式相一致。如果我们看到情感引起了困难，而且与个人的福祉背道而驰，那么仅仅改变这些情感是无济于事的。它们不过是个人生活方式的真实体现，只有改变生活方式才能将它们彻底根除。

个体心理学在这里为教育和治疗的前景提供了一个特殊的提示。对于一个人的个性性格，我们绝不可头痛医头、脚痛医脚，而是必须找出他们在选择生活方式时犯下的错误，找出他们的心灵对于个人经历的解读方式、他们心目中的生命意义，以及他们面对环境和身体影响时所采取的应对方式。这才是心理学的真正任务。称职的心理学者并不是用针去扎孩子看他们能跳多高，也不是搔搔痒看他们笑得有多厉害。这些做法在现代心理学界十分常见，或许它们的确能告诉我们某个个体的心理状况，但也仅止于提供一份有关固化的个体生活方式的证据而已。

生活方式是心理学最适当的研究课题和调查素材，着眼于其他对象的心理学者们在很大程度上都偏向了生理学和生物学。对于那些研究刺激与反应，试图追踪创伤或震惊经历所造成的影响，以及那些研究遗传能力并观察它们的发展的人，这种说法也同样适用。然而，在个体心理学中，我们考虑的是精神本身，也就是完整的心灵。我们研究的是个体赋予世界和他们自己的意义，他们的目标、努力的方向和他们处理生活中各种问题的方式。到目前为止，我们理解个体的最好途径还是对其合作能力的考察。

第三章
自卑感与优越感

个体心理学最重要的发现之一,"自卑情结"——
已被许多学派和学科分支的心理学家所采纳并实践
但如果只是告诉对方他有自卑情结,这并不会有任何益处

自卑情结

　　个体心理学最重要的发现之一，"自卑情结"，如今已广为人知。许多学派和学科分支的心理学家都采纳了这一概念，并将其应用在自己的实践中。但我不能确定，他们是否总是能完全理解并正确使用这一概念。举个例子，如果只是告诉患者他们有自卑情结，这并不会有任何益处。这么做只是强调了他们的自卑感，却不能为之指出克服之道。我们必须找出他们的生活方式所暴露出的力不从心感，并在他们气馁的时候给予鼓励。

　　所有精神有疾患的人都有自卑情结。他们区分于旁人的特点是，都会在某种特定的情形下感到无法过一种有用的生活，会为自己的努力和行为设定种种限制。为他们的麻烦取个名字根本于事无补。"你是被自卑情结困扰着的"，我们没法用这样的话来让人们变得勇敢。就好像我们不能对头痛的人说："我能说出你得的是什么病。你这是头痛！"这毫无帮助。

　　如果问他们是否觉得自卑，许多神经官能症患者都会回答"没有"。有的甚至会说："恰恰相反，我觉得自己比身边的人都强。"我们不必提问，只需观察他们的行为就足够了，行为会将那些自欺欺人的、自我安慰的小花招暴露无遗，他们靠这些小花招来确认自己的重要性。例如，如果我们看到一个傲慢自大的人，就可以猜测他的感受："别人想要看轻我。我必须向他们显示出我是个重要人物。"而如果我们看到有人在说话时辅以强烈的手势，也可以推测他的心理是，"如果不强调一下，我的话就毫无分量"。

我们不妨猜测，在任何一种凌驾于他人之上的举止背后都有一种亟需隐藏的自卑感存在。这就如同一个担心自己太矮的人总会踮起脚尖走路，好让自己显得高大一些。有时我们能在两个孩子比较身高时看到这种行为。害怕显得矮的那一个会尽力挺直身体，全身绷得笔直，他会努力使自己显得比实际上更高一些。如果我们问那个孩子："你是不是觉得自己太矮了？"很难期待他会承认这一点。

因此，我们很难假定一个带有强烈自卑感的个体会是个看起来柔顺、平静、自制并且和善的人。自卑感的表现方式有千百种，或许我能通过三个孩子第一次被带到动物园的故事来加以说明。当他们站在狮子笼跟前时，其中一个躲在了他妈妈的裙子后面，说："我想回家。"第二个孩子站着不动，脸色苍白，浑身发抖，却说："我一点儿也不害怕。"而第三个孩子凶狠地瞪着狮子，问他的妈妈："我能向它吐唾沫吗？"三个孩子其实都感觉到了害怕，但每个人都用了与自己的生活方式相符合的方式来表达。

我们每个人都多多少少有一些自卑感，因为我们都会发现自己所处的环境有不尽如人意的地方。如果我们能保持勇气，就能通过唯一直接、现实和令人满意的方式来消除这种感觉，那就是改善现状。没有人能长期忍受自卑感，人们会被压力逼迫着采取某些行动。但假如一个人丧失了信心，假如他认为脚踏实地无法改善自己的处境，但又因为无法继续承受自卑感带来的压力而想要摆脱它，那么他们就会采取行动，虽然只是徒劳。他们的目标仍然是"凌驾于困难之上"，但却不再试图跨越障碍，而是力图说服甚至强迫自己凭空产生优越感。与此同时，他们的自卑感会越来越严重，因为造成自卑感的情况并未改变。既然问题的根源还在，那么接下来的每一步都不过是让他们更深地陷入自我欺骗之中，而所有的问题都会堆积起来，越来越急迫，压力越来越大。

如果只看到类似的行为而不试着去理解，那我们会认为这些行为是漫无目的的。毕竟他们给人的印象不像是在有计划地改善自己的处境。但是，一旦我们发现他们和其他人一样在忙于获得充实感，却又已经放弃了所有改善处境的努力时，这一切行为就都可以解释了。如果感到软弱，他们就会创造出一些能令自己感觉强壮的情境。不是锻炼自己变得强壮起来或更有能力，相反，他们选择让自己在自己的眼中"显得"更强壮。他们自我愚弄的努力只能在某些部分获得成功，当他们感到无法应付工作上的困难时，就可能在家里成为一个暴君，以此来确认自己的重要性。然而，无论如何努力欺骗自己，都不能真正消除他们的自卑感。生活仍旧是老样子，自卑感也一如既往。在个人的心理假面下，这是一股永远存在着的暗流。像这样的情况，我们就可以真的称之为"自卑情结"了。

到了给自卑情结下个明确定义的时候了。当有问题出现时，如果个体无法恰当地适应或应对，并且坚信他们一定没有办法解决，这就是自卑情结的表现。从这个定义里，我们可以看到，愤怒、哭泣和逃避责任的辩解一样，都可能是自卑情结的表现之一。由于自卑感总是会带来压力，所以相伴而来的常常是争取优越感的补偿性举动，但这些举动并不是为了解决问题。这种谋求优越感的行为指向的恰是生活中无意义的一面。真正的问题被搁置起来，置之不顾。个体将试着限定自己的活动范围，更在乎"不要失败"而非"争取成功"。表现出来便是犹豫不决、固步自封，甚至在困难面前畏缩逃避。

这种态度在广场恐惧症的病例中表现得很清楚。这种病症代表的是一种固执的观念："我一定不能走太远。我必须停留在熟悉的环境中。生活中危机四伏，我必须避开它们。"如果紧抱着这种态度不放，个体就会将自己困在一个房间里，甚至缩在床上不肯离开。

自杀是逃避困难的最彻底表现。就这样，在面对生命里的重重困难时，人们放弃了，而且确信他们无力改变任何事情。当我们认识到自杀常常是一种谴责或复仇时，就能理解蕴含其中的对优越感的追求了。自杀者总是将他们的死亡归咎于他人，仿佛在说："我是这个世界上最脆弱、最敏感的人，而你却对我如此残忍。"

在某种程度上，所有的神经官能症患者都会限定自己的活动范围以及他们与世界的联系。他们竭力与现实保持一定的距离，掩盖生活中的种种问题，将自己安置在感觉能够掌控的情形下。通过这种方式，他们为自己构筑起了一个狭小的空间，关上房门，与世隔绝地过日子。至于是恃强凌弱，还是抱怨不休，这就取决于他们的教养了：他们会选择所能找到的最适合实现自己目标的策略。有时，如果他们对一种方法不满意，也会去尝试其他的。不管具体方式是什么，目标始终是一样的——那就是，无需费力改善环境便能获得优越感。

例如，如果一个沮丧的孩子发现眼泪是帮助他达到目的的最好办法，那么他就可能变成一个爱哭的小孩。爱哭的孩子会长成忧郁的成年人。眼泪和抱怨——我将它们称为"水性的力量"——可能成为干扰合作、奴役他人的最佳武器。爱哭的孩子与饱受羞怯、窘迫、负罪感困扰的人们一样，他们的自卑情结都很明显。这类人很乐意承认自己的弱点，承认他们无力照顾好自己。他们想要隐藏的，是对于支配地位的迷恋，是不惜一切代价凌驾于他人之上的欲望。与之相反，爱吹嘘的孩子首先表现出来的是看似优越情结，但只要我们认真观察他们的行为，而不是只听其言论，很快就能发现他们所不承认的自卑感。

所谓俄狄浦斯情结[1]，事实上不过是一个神经官能症患者的"狭小空间"的特殊案例而已。如果个体害怕在广阔世界中面对爱的问题，则必然无法将自己从神经官能症中成功解脱出来。如果他们将自己限定在家庭小圈子里，那么发现其性欲对象也被限定在这个范围内就没什么可奇怪的了。由于不安全感作祟，他们从来没有把目光放到最亲近的少数几个人之外。他们害怕无法像驾驭自己小圈子里的人一样驾驭其他人。俄狄浦斯情结的患者大都是那些被父母溺爱的孩子，他们被宠得以为自己的愿望就是法律，却又从来没有认识到，他们也可以在家庭之外靠自己的努力赢得喜欢和爱。即便在长大成人之后，他们仍旧离不开父母。在爱情中他们要的并不是一个平等的对象，而是一个奴仆；而最忠心耿耿的奴仆无疑就是他们的父母。我们大概可以在任何一个孩子身上诱发俄狄浦斯情结。所需要做的，只不过是让他的母亲溺爱他，阻止他对其他人产生兴趣，同时让他的父亲对他冷漠甚至于无情。

所有的神经官能症的表征都体现出受限制的行为。从口吃者的言语中我们能看到一种犹豫的态度。残余的一点社会兴趣促使口吃者与其他人发生联系，但自信心不足和对失败的畏惧又与他们的社会兴趣产生冲突，因此他们在说话时总是犹犹豫豫的。在学校里表现"迟钝"的儿童，年过三十却仍然没有工作的男人或女人，逃避婚姻问题的人们，不断重复一个动作的强迫症患者，总是疲倦到无法应对日间工作的失眠者——所有这些人都显示出了一种自卑情结，正是它妨碍了他们在解决生活问题上取得进展。有手淫、早

---

[1]俄狄浦斯情结（Oedipus），源于古希腊一个弑父恋母的故事，比喻有恋母情结的人，有跟父亲作对以竞争母亲的倾向，同时又因为道德伦理的压力，而有自我毁灭的倾向。

泄、阳痿和性倒错等性问题的人都表现出一种错误的生活方法，他们接近异性时会有局促不适感。从中可以看出与之相伴的优越感诉求——如果我们问："为什么会有这样力不从心的不适感呢？"唯一的答案只能是："因为他们为自己定下的目标太不切实际了。"

我们已经说过，自卑感本身并非异常。它是人类处境得以改善的动力之源。举例来说，只有当人们意识到自己的无知和未来进步的需要时，才可能促成科学的进步；它是人类为谋求命运改变而努力的成果，是更进一步了解宇宙世界并得以从容应对的结果。事实上，在我看来，一切人类文明都是基于自卑感而发展起来的。想象一下，如果有一位外星访客来到我们的星球，他一定有这样的感慨："这些人类，建立起了他们的团体和制度，竭尽全力保障他们的安全，修起屋顶来避雨，做了衣服来保暖，铺好街道路面来让行走更方便——显然，他们觉得自己是地球上最弱小的生物。"从某种意义上说，人类的确是地球上最弱小的生物。我们没有狮子或大猩猩的力量，许多动物都拥有比我们更好的天赋来单独面对生活中的困难。有的动物会集结成群来弥补他们个体的弱小，但人类所需要的合作比我们能在自然界任何其他地方看到的都更多样、更根本。

人类的孩子尤其弱小，他们需要被保护照顾许多年。既然所有人类在生命之初都曾一度是最年幼弱小的生物，既然人类离开合作就只能彻底仰赖大自然的慈悲而活，我们就能理解，为什么没有学会合作的孩子会陷入悲观和挥之不去的自卑情结中了。同样，我们也能明白，为什么哪怕是最有合作能力的人，生活也会不断地给他出难题。没有个体能感到自己已经抵达了他们的终极优越目标，能够完全掌控他所身处的周遭环境。生命太短暂，我们的身体太孱弱，生命的三大问题总是在寻求更加丰富完美的解决方案。我们总是能找出一个临时的解决方案，但却永远不会对我们的成就感到完全满意。无论如何，努力仍会继续，但唯有合作的人会充满希望地做出有益的努力，为改善我们的共同处境而努力。

我想，没有人会因为永远无法抵达我们的终极目标而忧心忡忡。不妨让我们设想一下，一个单独的个体，或是整个人类，达到了再也没有任何困难的境界。显然，这种情况下的生活好比一潭死水，一切事情都可以预知，都可以提前计算得出来。明天不会带来任何未知的可能，未来没有任何事情值得期待。我们对于生活的兴趣大多来自不确定的未知。如果我们能够确知每一件事情，如果我们无所不晓，那将不再有争论，也不再有发现。科学走到了尽头，我们身边的世界就像不断重复的故事，除此以外什么都不是。为我们带来了完美理想的艺术和宗教将不再有任何意义。生活中的挑战不可穷尽，这是我们的福气。人类的奋斗永不会停歇，我们总是能找到或制造出新的问题，创造出新的合作和贡献的机会。

然而神经官能症患者的发展却在一开始就被阻断了。他们对生活中各种问题的解答停留在肤浅表面，他们个人的难题被相应放大。而普通人能够为他们的问题找出更有意义的解答方法，他们能够不断前进，遇到新的难题，找到新的解决之道。通过这种方式，他们渐渐具备了有益于社会的能力。他们不会掉队成为同行者前进道路上的阻碍，也不会需要或要求特别的照顾。相反，他们能够满怀激情地前行，独立解决遇到的问题，协调统一他们的社会情感与个人需要。

优越目标

对于每一个个体来说，优越目标都是属于个人的，是独一无二的。它来源于人们对于生命意义的描绘。这里所说的意义并不仅仅是一些字眼。它融汇于个人的生活方式之中，就像个体生命中的一段奇特乐曲，贯穿始终。它不会让我们轻易看穿它们的目标。事实上，它们更乐意拐弯抹角地表达，让我们不得不从它们给出的线索中去猜测。理解一个人的生活方式就犹如去理解一位诗人的作品。诗人们只使用字词，但他们蕴藏其中的含义远不止这些字词本身。最重要的含义只有通过研读和直觉才能领会，我们必须从字里行间去寻找。至于个人的人生观，这件意蕴最丰厚、最复杂的作品，亦复如是。心理学者们必须学会从言行之间探求推敲，必须熟谙寻找隐含意义的艺术。

还会有什么其他办法呢？我们早在人生的最初四五年里就决定了生命之于自身的意义，不是用数学计算出来，而是在黑暗中摸索，依靠着我们所经历的还无法完全理解的感受，依靠着抓住的点滴暗示和拼凑出的解释而得出。与之类似的，我们同样是靠着摸索和猜测确定了自己的优越目标，它是人一生的推动力，一种动态的取向，而非图表上或地理上确定的一个点。没有人能完整清晰地描述出自己的优越目标。或许他们很清楚自己的职业目标，但这只是他们的一小部分追求而已。就算这个目标能够被明明白白地描述出来，却还有千百条道路可以通向罗马。假设一个人想要成为一名医生，但成为一名医生却意味着会有许多不同的事情。他们可能不仅仅希望成为某个特定医学领域的专家，还会在职业生涯中显示出对于自身和他人的独特的兴趣。我们会看到，他将在多大程度上培养自己以对同伴们有所帮助，又会为他们的帮助划定怎样的界限。他将这个职业设为了自己的目标，并以此作为应对某种特定自卑感的补偿方式。而我们一定要通过他在职业领域和其他地方的表现来推测，究竟他是在为了什么样的特殊感受而进行补偿。

举例来说，我们时常发现，成为医生的人往往在他们童年很早的时候就开始面对死亡的现实。死亡给他们带来的最大印象，是威胁人类不安全外在的一个侧面。或许是双亲或兄弟姐妹中有人死去了，于是在他们后来的学习发展中，便致力于为自己或他人找到对抗死亡并增加安全感的方法。也有人将成为教师作为他们明确的目标，但我们很清楚究竟有多少种不同的教师。如果一名教师的社会情感程度较低，那他的优越目标就有可能是通过当老师成为小范围内的大人物。或许，只有在比自己更弱小、更没经验的人面前他才会觉得安全。而拥有高度社会情感的教师则会以平等的态度对待学生，他们是真心希望能够为人类福祉做出贡献的。在这里，我们只需要提出，教师与教师之间的能力和兴趣差别有多么大，而从他们的言行中又能如何清楚地看到他们各自的个人目标。当一个目标被清晰地勾勒出来，个体的潜力就会被修剪压缩到适合这个目标；至于整体的目标——我们可以将它称为原型——却会在任何情况下都努力突破这些限制，找到一个途径来表现其个人设定的生命意义和争取优越感的终极理想。

因此，对每一个个体我们都必须透过表面去观察。个体可能改变他们定义和表现目标的方式，正如他们有可能会改变其确切目标的表达方式一样——通俗地说，就是换工作。因此我们一定要寻找其中潜在的一致性，寻找个性中的整体性。这种整体性与个人的一切表达相符。如果我们取一个不规则的三角形，并将它们颠倒放置在不同的位置，那么它在每个位置都会看上去像是一个完全不同的三角形。但只要我们仔细观察，就能够发现它始终都是那同一个三角形。原型亦是如此。它所蕴含的内容从不会经由任何一个单独的行为侧面完全表达出来，但我们能够综合其所有的表达来辨识它。我们永远不会对一个人说："如果你这样做或那样做，那么对于优越感的追求就可以得到彻底满足了……"对于优越感的追求是灵活的，事实上，一个人越健康，越接近正常状态，就越能找到更为开放的奋斗空间，而不是被局限在一个特定的方向上。只有神经官能症患者才会死死盯着自己设定的目标不放，并且说："我就要这个，别的都不行。"

我们要小心，不要轻率地对任何追求优越感的特别努力进行评价，但我们可以在所有的目标中找到一个共同的因子——想要化身为神。我们会发现一些儿童将这一点表现得十分直白，他们会说："我要成为上帝。"许多哲人也有同样的想法。还有一些教师也希望将孩子培养、教育成像神一样的人。在老派的宗教戒律中也能看到同样的主题：信徒们必须按照成神的方式来修炼自己。神化内容的一个较为温和表现便是"超人"概念，它表现在——我不该说太多的——尼采（Nietzsche）身上，在他精神失常之后，曾在一封写给斯特林堡（Strindberg）的信中署名"被钉上十字架的人"（The Crucified）。

精神失常的人常常肆无忌惮地宣扬他们想要获得像神一样的优越感的目标，他们会坚称"我是拿破仑"，或"我是中国皇帝"。他们渴望成为世界关注的中心，不断曝光在公众视线之下，希望自己能接入全世界的电波，成为每一场交谈的话题。他们想要预知未来，掌握超能力。

以另一种更温和也更合理的方式来表达的话，这种想要"像神一样"的目标体现为试图无所不知、掌握普遍的智慧，或是长生不老。无论我们是希望在人间长生不老，还是化身无限一次次重回凡尘，抑或是在另一个世界里得到永生，这些期望都源于想要"像神一样"的渴望。在宗教教义里，神是永恒的存在，能穿越时间长河而永存不朽。我并不是在这里讨论这些观念究竟是对还是错——

它们都是对于生命的解释，是"意义"，或多或少的，我们都会接受这种意义——神与像神一样的圣人。即便是无神论者，也会想要战胜神，成为比神更高的存在。而我们可以把这视为一种格外强烈的优越目标。

只要一个人确定了他的优越目标，他的生活方式就不会再有偏差，一切行动都将切合这一目标。个体的习惯和行为都将精确无误地指向其所宣示的目标，无可非议。每一个问题儿童，每一个神经官能症患者，每一个酗酒者、罪犯或性变态者，他们的生活方式都以恰当的行为得以体现，并以此来取得他们所希望得到的优越地位。这些行为本身无可指摘，因为要达成他们的目标，就应该匹配这样的行为。

有一名男孩，还在上学，是全班最懒惰的孩子。老师问他："为什么你的作业做得这么糟糕？"他回答道："只要我是这里最懒的男孩，你就会一直在我身上花大量的时间。你从来不关注那些好孩子，因为他们从不会在班上捣乱，总是好好地完成他们的作业。"由此可见，他的目的就是要吸引老师的注意力，控制老师，为此他找到了一个最好的办法。仅仅试图改变他的懒惰是没用的，因为他需要懒惰来帮助他达到目标。从这个角度来说，他做得完美无缺，如果改变做法，那他才是个傻瓜呢。

另一位男孩，在家时非常听话，但看起来有点笨笨的——他在学校里很迟钝，在家也一点儿都不机灵。他有个比他大两岁的哥哥，而他哥哥的生活方式与他截然不同。他的哥哥又聪明又活泼，但总是因为冒失而惹麻烦。一天，有人无意间听到弟弟对哥哥说："我宁愿像现在这样笨，也不愿像你一样鲁莽。"如果我们能够明白这是他达到目标——避免招惹麻烦——的方式，那么他的愚笨就可以被看作是一种聪明了。由于他的愚笨，对他的要求会更少，如果他犯了错,也不会受到太多责备。考虑到他的目标,如果他不这样笨,才真的是个傻瓜了。

时至今日,我们还是常常在针对表征来处理问题。无论在医学上还是教育上,个体心理学都完全反对这种做法。如果孩子的数学一塌糊涂,或是在学校的表现很糟糕,那么我们若是仅仅针对这些方面来试图有所提升,只能是徒劳无功。或许他们是想让老师难受,甚至希望闹到被开除好彻底逃离学校。如果我们只用单一的方法来阻止他们,那他们总能找到另一条对策来达到他们的目的。

成年人的神经官能症也是这样。设想一个例子,就说饱受偏头痛之苦的人们吧。头痛对他们来说就是很有用的工具,只要需要,它们就可以在任何特别的时刻发作。借助于头痛,他们可以不必面对生活中的麻烦。当他们不得不和陌生人打交道或是做决定时,头痛招之即来。与此同时,头痛还可以帮助他们操控他们的同事、搭档或家人。我们怎么能指望他们会放弃这样一种有力的武器呢?他们将疼痛加诸己身,但从他们的角度来说,却是再明智不过的投资了——它会带来所有他们所期望的回报。当然,我们可以给患者一个惊人的解释来吓走他的头痛,就像用电击或一场假手术来治好士兵的战争疲劳症(shell-shocked)一样。或许药物治疗也能令某些症状有所缓解,让病人难以继续使用这些特别选择出来的症状。但是,只要他们的目标没有改变,哪怕治好了一种症状,他们也会找到另外一种来取而代之。"治好"了头痛,接着就可能出现失眠,或是其他一些新的症状。只要目标依旧,他们就一定要继续为之努力。

有的神经官能症患者能以惊人的速度"抛弃"某项病征,而后又毫不犹豫地"患上"新的病征。他们成为神经官能症的收藏家,不断扩展自己的收藏目录。如果读一本心理治疗法方面的书籍,他们也能从中受到启发——原来还有更多的神经官能症没有找到机会去尝试。因此，我们要寻找的始终是这林林总总症状背后的目的，是这个目的与患者的整体优越目标之间的一致性。

假如我在课堂上放一架梯子，爬上去，坐在黑板的上方。任何看到我的人大概都会想："阿德勒博士疯了。"他们不明白为什么要有梯子，为什么我要爬上去，或为什么我要坐在这样一个不舒服的地方。但如果他们知道，"除非站得比其他所有人都高，否则他就会觉得自卑，所以他才要坐在黑板上方；只有俯视全班他才会感到安全"，那么就不会觉得我太过疯狂了。我很可能是选择了一个最佳的方式来实现我的既定目标。那么梯子看起来就像是一个非常合理的工具，而我爬上梯子的行为也就是计划周详、执行得当的了。

我的疯狂只存在于一个点上，那就是对于优越的解读。如果我能够认识到此前的既定目标是个糟糕的选择，那么就有可能改变我的行为。但如果目标依旧，而我的梯子又被拿走了，我可能会试试用椅子；如果椅子又被拿走了，那我就可能会开始尝试蹦跳攀爬，靠我自己的力量来拔高自己。所有的神经官能症患者都是同样的情况：他们所选择的行为手段都没问题，无可指摘。我们唯一能够改善的，就是他们的既定目标。随着目标的改变，他们的心理习惯和态度也将随之改变。他们将不再需要旧的习惯和态度，而新目标和新习惯及态度将很快取代它们。

让我们看一位三十岁女士的例子吧。她因为焦虑、无法与人交朋友而来寻求我的帮助。这名女子不能自食其力，以至于变成了家庭的一个负担。她也断断续续地做过一些秘书之类的简单工作，然而，不幸的是，她的所有老板都想要骚扰她，吓得她不得不辞去工作。事实上，她曾经找到过一份工作，老板对她的兴趣没有那么大，也没有任何不轨的举动，可她却为此大感羞辱，最终还是放弃了这份工作。她接受精神科的治疗已经好些年了——我相信足足有八年之久——但这些治疗都没能取得什么进展，她的社交能力没能得到提高，还是无法找到一个可以养活自己的方法。

在我接手后，我追溯了她童年早期的生活方式。不了解童年生活，就无法理解一个人的成长。这位女士是家里最小的孩子，非常漂亮，受宠程度令人难以置信。那时候她的家庭环境很好，父母对她向来是有求必应。当听到这里时，我说："哦！你是像公主一样被抚养长大的。""真奇怪，"她回答道，"那时每个人都叫我公主……"我询问她最早的记忆是什么。她说："我记得四岁时有一次走出房子，看到一些小孩在玩一个游戏。他们不断地跳起来，大声喊'巫婆来了'。我吓坏了。回到家里以后，我问一位和我们住在一起的老太太，世界上是不是真的有像巫婆一样的人。她回答我说：'是的，巫婆、盗贼、强盗都有，他们都会跟着你。'"

从这里我们能够看出，她害怕被孤零零地扔下。她在用整个生活方式来表达这种恐惧。她觉得自己不够坚强，无法离开家，而家里人会无微不至地照顾她、支持她。下面是另一个早期的回忆："我有一个钢琴老师，是个男人，有一天他想要亲我。我停止弹琴，跑去告诉了我的母亲。从那以后，我就再也不想弹钢琴了。"我们也能从中看出，她为自己和男性之间划下了一道鸿沟，而伴随着她的性成长的，是保护自己远离爱的目标。她觉得恋爱是软弱的表现。

在这里我必须要说，当陷入爱情时许多人都会感到软弱，在一定程度上，他们是对的。如果我们在恋爱，就必定变得温柔，我们对另一个人的兴趣也会让自己更容易受到伤害。只有优越目标是永不软弱、永不袒露内心的人，才会逃避彼此依赖的爱情。这样的人会回避爱情，也无法为它做好准备。你常常能发现，如果他们感到有陷入爱情的危险，就会把情况弄糟。他们嘲笑、戏弄那个让他们感到有威胁的人，拿他开玩笑。通过这样的方式，他们试图摆脱自己的软弱感。

这位女子也是如此，但凡涉及爱情与婚姻就会让她感到软弱。因此，在工作中一旦有男人对她产生兴趣，她的反应就会过激。除了逃跑，她不知还能怎么办。当她还在学习如何面对这些问题时，她的父母都去世了，跟着他们一同逝去的，还有她的"公主王朝"。虽然她也尝试着找了一些亲戚来照顾她，但一切并未能如她所愿。一段时间之后，亲戚们都烦透了，不再给予她想要的关注。她怒冲冲地斥责他们，告诉他们，孤单一人对她来说是多么危险。靠着这样，她才勉强摆脱了不得不自力更生的可悲境地。

我敢肯定，如果她的家人彻底拒绝再为她而烦心，她会疯了的。要达成她的优越目标，唯一的办法就是强迫家人照顾她，让她可以不必为一切生活问题而烦恼操心。她坚持生活在这样的幻想中："我不属于这个星球。在另一个星球上，我是一位公主。这个可怜的地球完全不懂我，不能明白我有多重要。"再向前一步的话，她就会彻底精神失常了。但既然还能有办法让亲戚朋友来照顾自己，那就没必要走出这最后一步。

从另外一个病例中可以清楚地辨别出自卑情结和优越情结。一位十六岁的女孩被送到我这里来。她从六七岁开始偷窃，十二岁开始彻夜不归，整夜与男孩子们厮混在一起。在她两岁那年，父母经过漫长而痛苦的挣扎之后终于离了婚，她被判给母亲，跟着母亲一起在外祖母家生活。就像隔代祖孙关系里常见的那样，外祖母对她十分宠溺和纵容。相反，由于她出生时正是父母矛盾最激烈的时候，她的母亲并不想要这个孩子。母亲从来不喜欢自己的女儿，母女关系十分紧张。

当这位女孩来到我这里时，我友善地与她交谈。她告诉我：

"我并不真的觉得偷东西或者和男孩子们混在一起很享受,但我得这样做,好让我的母亲知道,她控制不了我。"

"你用这种方法来报复?"我问她。"我猜是的。"她这样回答我。她想要证明自己比母亲更强大有力,但这样的目标只能说明她觉得自己是弱小的。她能感觉到母亲不喜欢她,并因此而受到自卑情结的困扰。为了维护自己的优越感,她所能想到的唯一办法就是制造麻烦。如果儿童有偷窃或其他不良行为,那多半都是出于报复。

一位十五岁的女孩失踪了八天。在被找到以后,人们将她带到了青少年法庭,在那里,她讲述了一个绑架的故事,说有个男子绑着她,把她在一间房子里关了八天。然而没有人相信她。医生单独和她谈话,敦促她说出实情。她却因为医生不肯相信她的故事而暴怒不已,一巴掌扇在了医生脸上。当我见到她时,我问她想成为什么样的人,并且告诉她,我只对她的幸福以及如何帮助她感兴趣。当我问起她的梦时,她笑了起来,告诉了我下面这个故事:"我在一个酒吧里。出门时遇见了我的母亲。很快,我的父亲也来了,我请求妈妈把我藏起来,这样他就看不到我了。"

她害怕父亲,而且还在对抗他。他常常惩罚她,正因为害怕惩罚,她被逼无奈,只好撒谎。不管什么时候听到撒谎的案例,我们都应该看看是不是有严厉的父母存在。若不是真相会带来危险,撒谎就毫无意义。另一方面,我们能看到,这名女孩与她的母亲之间有着某种程度上的协作。后来,她向我承认,事实是有人唆使她去了一个酒吧,她在那里待了八天。因为父亲,她害怕说出实情,而与此同时,她的行为又显示出想要胜过父亲的渴望。她觉得被父亲压制住了,只有伤害他才能从中获得优越感。

对于那些在寻找优越感的道路上走岔了路的人,我们要怎样才能帮到他们呢?如果我们了解到对优越感的追求是人所共有的,那就不难。设身处地地想一想，我们就能理解他们的努力。他们犯下的唯一错误，就是将力气用在了毫无意义的目标上。正是对优越感的追求激励着每一个人前进，这是我们对我们的文明做出哪怕点滴贡献的动力源泉。整个人类的活动都是沿着这条主线行进的——从下到上，从负到正，从失败到成功。然而，只有那些在自己的努力中展现出造福他人的意图，愿意为众人的利益而锐意进取的人，才能真正应对并掌控生活的问题。

如果我们以正确的方式来对待人们，就会发现他们并不难说服。归根结底，一切人类有关价值和成功的判断都有其根基，那就是合作。这是人类最伟大的共识，放诸四海而皆准。我们对于所谓行为、理想、目标、活动和性格特征的一切要求，全都是为了实现人类的合作。没有人能完全缺乏社会情感。神经官能症患者和罪犯同样明了这个公开的秘密——他们会想尽办法为自己的生活方式辩护，或是试图诿过他人。由此我们就能看出，他们只是失去了将生活导入正途的勇气。自卑情结告诉他们："合作成功这种事情不属于你。"他们在真实的生活问题前掉头离开，转而忙于与虚幻的影子战斗，以此来肯定自己的力量，获得自我安慰。

我们人类的劳动分工为各种不同的目标提供了生存空间。或许，正如我们所见的，每一种目标都多多少少有一定的偏差，我们总能从中找出些可以批评的地方。可是人们的合作所需要的正是取长补短。对某一个孩子来说，优越感可能在于他所擅长的数学知识，对另一个而言则在于艺术，而第三个孩子又以健壮的体格见长。消化不良的孩子可能会认为自己的问题主要出在营养方面。如果相信研究食物能够改善他们的处境，那么他们的兴趣就有可能转向这一方面，结果就是，他们或许会成为一名职业的厨师或营养专家。在所有这些特殊的目标之中，我们能够看出，伴随着对于缺憾的切实补偿，有人排除了某些可能性，有人却针对自我的局限加以训练。哲学家们为什么必须一次又一次地避世而居才能够思考和写作？由此就可以理解了。假使一个人的优越目标里匹配了高度的社会兴趣，那么虽说任何目标都难免有错失，可这个目标的错误也不会太大。

第四章
早期记忆

在所有的心灵表达中,最能揭示真相的是个体的记忆

世上没有"偶然的记忆"

人们只会记忆自认为与个人问题有关的人生故事

人格之钥

争取优越地位的努力是一个人完整人格的关键所在，因此，我们完全可以在他们精神发展的方方面面看到这一努力的痕迹。认识到这一点之后，我们就能利用它来理解人们的生活方式。其中有两个重点必须牢记。首先，我们可以从任何地方开始：任何一种表现都会把我们带往同一个方向，朝向同样的动机、同样的主题，这都围绕着其人格的建立而展开。第二，我们所能得到的素材是很多的。点滴的言辞、思想、感觉或姿势体态都能够帮助我们去理解。任何我们可能因匆忙断言而犯下的错误都能够在成百上千的其他构面或表达之中得到检验并被纠正。如果某个表达的意义无法被应用于整体之中，我们就不能得出最终的结论——而每个表达都在诉说着同样的事情，推动着我们找到答案。

我们就像考古学家一样，他们搜罗一切陶片、工具碎片、断壁颓垣、历史残迹和纸莎草散页，从这些残存零碎中推断出整个城市的情形，哪怕这些城市早已毁灭。但我们要应对的不是什么已经灭亡的东西，而是人们身上有机联系的方方面面，是鲜活的个体性格和人们对生命的解读，摆在我们面前的，是像万花筒一样变化万千的表达。

要了解一个人不是简单的事情。对于所有心理学者来说，个体心理学可能是最难学也最难应用的。我们总是必须倾听完整的故事；一定要始终保持怀疑，直至最关键的那把钥匙能自证其是；还要悉心搜集大量细枝末节中传达出的暗示——包括一个人走进房间的方式，他向我们致意和握手的方式，笑的习惯，走路的样子，等等。我们或许会在某一点上陷入迷惑，但其他的点总会把我们拉出来，或是证实我们的印象。治疗本身就是一场有关合作的练习和考验，只有真心诚意地关心他人，才有望获得成功。我们必须能够将心比心，见其所见，闻其所闻。而病人也一定要尽其所能来帮助我们理解他们。我们还得同时应对病人的态度并处理他们的困难。甚至，就算我们觉得自己已经了解了他们，但除非他们也理解了自己，否则就没有任何证据能够证明我们是对的。无法适用于一切情形的真相不会是完整的真相，这只能表明我们的理解还不够全面。

也许正是因为没有认识到这一点，其他的心理学派才会提出"消极转移和积极转移"（negative and positive transferences）的概念——这在个体心理学中是绝对不会出现的。纵容那些被宠坏了的病人或许是一个得到他们喜爱的简单办法，但这样他们的控制欲就会被掩藏起来。而我们要是怠慢或轻视他们，则很容易招来他们的敌意。病人可能中断治疗，就算继续治疗，也可能只是为了自我辩护，好让医生感到愧疚。无论纵容还是怠慢，都不能对病人有所帮助，我们必须向他们展示一个人对另一个人的关心。一种无比真诚、无比客观的关心。我们必须和他们一起来找出他们的错误，无论是关乎他们自身的幸福的，还是为了他人的利益的。牢记这个目标，我们就不会冒险期待"转移"现象的出现，不会摆出一副权威的架势，也不会将他们置于依赖和毫无责任感的位置上。

在所有的心灵表达中，最能揭示真相的是个体的记忆。记忆是人们随身携带的提示器，记录着有关他们自己的局限和各种事件的意义。世上没有"偶然的记忆"。个体接受到的印象数不胜数，人们只会从中挑选出自认为与个人问题有关的来纳入记忆，不管它们是多么的模糊不清。这些记忆代表着他们的人生故事，一个他们不断对自己重复以从中摄取温暖或舒适感的故事。这个故事可以帮助人们将注意力集中在他们的目标上，或是用过往经验中的意义来武装他们，让他们可以用一种更为可靠的、经得起考验的方式来迎接未来。从日常的行为中，我们可以清楚地看到，记忆的作用在于稳定情绪。如果一个人遭遇了挫折，并且为之沮丧，那么他就会回想起从前曾经遭遇过的挫折。而当他感到振奋、高兴，充满勇气时，他就会选择完全不同的记忆，他想起的是那些高兴的事情，这些记忆让他更为乐观。同样的道理，如果遇到了一个难题，他就会唤出那些能够帮助自己调试好恰当态度的记忆，以便应对当下的情形。

通过这样的方式，记忆所起到的作用与梦类似。许多人在需要做出决定时都会梦到他们曾经成功过关的某场考试。他们将自己的决定视为一次考试，试图重新找回他们过去成功时所拥有的那种心态。对于个人生活方式中存在的各种情绪变化，对于通常情况下情绪的构成与平衡来说，这一点同样适用。如果一直想着美好的时光和成功的经历，忧郁的人就不会继续沉浸在忧郁之中。相反，他们其实一直都在对自己说，"我一辈子都那么不走运"，同时只记住了那些可以用来证明他们"注定不会幸福"的事情。

早期记忆与生活模式

一个人的记忆永远不会与他的生活方式背道而驰。如果某个人的优越目标要求他产生"其他人总是在羞辱我"的感受，他就会选择保留曾经感到羞辱的记忆。如果生活方式改变，那么他的记忆也就会随之改变。他记忆里的故事将完全不同，或者，他会为记住的那些事情赋予完全不同的解读。

早期记忆更有其特殊的意义。首先，它们以最本源的状态和最简单的表达展现了一个人的生活方式。从这些早期记忆中，我们能够得出许多判断：一个人在儿童时期是被溺爱还是被漠视的？他接受过多少有关与他人合作的训练？他最喜欢与什么样的人合作？他遭遇了怎样的难题，又是如何应对的？对于曾经受到视力问题困扰，并为了看得更真切而努力过的儿童，从他们的早期记忆中我们应该能够找到许多与视觉有关的印象。他们的回忆往往会这样开始："我环顾四周……"同样，他们也可能会描述色彩和形状。而有身体障碍的儿童多半渴望能够行走、奔跑或是跳跃，因此会在他们的回忆中表现出这些兴趣。童年的记忆必定与一个人的主要兴趣密切相关，而如果我们能够知道他们的主要兴趣，就能够了解他们的目标和个人生活方式了。早期记忆之所以在职业指导方面具有非凡的意义，原因就在于此。除此之外，我们还能从早期记忆中看出儿童与母亲、父亲和其他家庭成员之间的关系。记忆是否清晰准确相对而言并不那么重要，最重要的是，它们体现出了个人的判断："哪怕还是个小孩子时，我就是这样的一个人了"，或者"就算小的时候，我已经是这样看待世界的了"。

而最具启发性的，一是儿童展开他们故事的方式，二是他们能够想起的最早的事件。第一个记忆体现了个人生命观的基本准则，这是第一次令他感到满意的对于个人态度的表达。这令我们得以一窥他们所选择的个人发展的起点究竟是什么。若要探究一个人的个性，我绝不会不询问他最早的记忆。

有时人们不回答，或自称他们不知道什么事情是最早的那则记忆，但这本身就已经能够说明问题了。我们可以了解到，他们不愿意探讨自己的基本人生观，他们还没有准备好要合作。不过，通常来说，人们总是很乐于谈论他们的最初记忆。他们觉得这些不过是小事情，而没有认识到其中所蕴含的意义。几乎没有人能够真正理解自己的最初记忆，因此大部分人都会在最初记忆中袒露出他们的人生目标、与其他人的关系，以及他们对于环境的观点，态度客观，从容自然。最初记忆的另一个有趣之处在于，它们的精炼质朴使得我们能够将其应用在群体研究中。我们可以要求整个班级的学生都写下他们最早的记忆，如果我们知道如何解释这些记忆的话，就能够为每一个孩子制作出一份极其有用的资料了。

解析早期记忆

为了便于说明，就让我举几个最初记忆的例子并试着解读一下吧。除了人们自己讲述的记忆之外，我对他们一无所知，就连他们是儿童还是成年人都不知道。我们在这些早期记忆里找到的含义还需要得到其他相关个性表达的验证。但通过对这些单独记忆的分析，我们可以磨炼技巧，加强推断能力，以求见一叶而知秋至。这样，我们就能够知道究竟什么才是真实的，能够将一则记忆与其他记忆进行比较。在实践中，我们将会看到，人们是怎样趋于合作或逃离合作的，他们是大胆无畏的还是固步自封的，是希望得到支持和照看，还是能够自力更生、独立自主，乃至他们是乐于给予还是斤斤计较于得到。

1."因为我的妹妹……"留意到什么人出现在最初记忆中，这一点很重要。当有某个姐妹出现时，我们基本上就能够相当确定，个体感觉自己受到了这个姐妹的极大影响。这个姐妹光芒四射,为其他孩子的成长带来了压力。通常我们会在两人之间找到一种竞争状态,就好像他们在赛跑一样,很显然,这为成长带来了额外的难题。当全神贯注于竞争时,儿童是无法将他的兴趣有效扩展到其他人身上的;而在友好的环境下与他人合作时,他们则完全可以做到这一点。但我们还不可以由此立刻跳到结论上去。毕竟也可能两个孩子是好朋友。

"因为妹妹和我是家里最小的孩子,在她够年龄之前,我也一直不能去上学。"现在,两个孩子之间的竞争有了证据支持:"妹妹拖了我的后腿!她比我小,但我却不得不停下来等她。她害得我失去了很多机会!"如果这就是这段记忆的真正内涵,我们可以推测,这位女孩或男孩会感觉到:"在我的生活中,最危险的就是有人阻碍我,妨碍我的自由发展。"写下这段话的或许是位女孩。看起来通常不太会有男孩子因为小妹妹还没长到入学年龄而被留在家里。

"因此,我们在同一天上学。"站在女孩的立场,我们不能说这是最好的教育方式。由于年纪比较大,这可能会让她有一种自己必须为别人让位的印象。在任何情况下我们都能看到,这位特别的女孩总是以此来解释一切。她觉得大家都喜爱妹妹,而且因此忽视了她。由于这种忽视,她会归咎于某个人。这个人或许就是她的母亲。如果她更亲近父亲,并且努力想要得到父亲的喜爱,那可一点儿也不奇怪。

"我记得很清楚,上学的第一天,妈妈对每一个人都抱怨她有多寂寞。她说:'那个下午我好几次跑出门外去等我的姑娘们。感觉她们好像永远都不会回家了似的。'"这是一段有关母亲的描述,一种会让母亲显得不够明智的说法。而这就是女孩对她的母亲的印象。"她觉得我们好像永远都不会回家了"——这位母亲无疑是很慈爱的，女孩们也感受到了她的慈爱，但与此同时，她也是焦虑紧张的。如果我们能够与这位女孩谈一谈，她也许会告诉我们更多有关母亲对妹妹的偏爱的故事。这种偏爱不会令我们感到吃惊，最小的孩子最受宠，这几乎是司空见惯的事情了。从这则记忆中，我所得出的结论是：两姐妹中年长的那个感到，自己在与妹妹的竞争中受到了阻碍。在她后来的生活中，我们很可能找到妒忌和害怕竞争的痕迹。如果她不喜欢比自己年轻的女人，那也是意料之中的事情。有的人一辈子都觉得自己太老，许多善妒的女子在比自己年轻的同性面前会感到自卑。

2."我最早的记忆是关于我祖父的葬礼，那时我三岁。"这是一位女孩写的。死亡给她留下了深刻的印象。这意味着什么呢？她将死亡视作生命中最大的隐患和最大的危险。从这些童年时期发生在自己身上的事情中，她总结出了一个定律："祖父是会死的。"我们还可能发现，她是祖父最喜爱的孩子，备受祖父的宠爱。祖父们几乎都是宠爱他们的孙子孙女们的。他们不像父母那样需要对孩子们负那么多的责任，常常希望儿孙绕膝，并以此显示自己依然能够得到他人的喜爱。在我们的文化里，老年人不太容易感到自己的价值被认可，有时他们会借由一些简单的手段来求取安心，比如，吹毛求疵地发牢骚或生气。在这里，我们更倾向于相信，祖父在这位女孩还是个小婴儿时就十分宠爱她，而正是这种宠爱让女孩深深地记住了他。祖父的死亡对女孩来说是个沉重的打击。一个伙伴兼忠诚的仆人被带走了。

"我非常清楚地记得，他在棺材里，躺着，那么安静，那么苍白。"我不觉得让一个三岁的孩子亲眼看到死者是件好事，特别是在他们还没有提前做好任何相关准备的时候。许多孩子都曾经告诉我，看到某位死者给他们留下了深刻的印象，一辈子都忘不掉——

这位女孩也忘不掉。这些孩子会努力减少或克服死亡的威胁。他们常常会渴望成为一名医生,觉得医生比其他人更有办法对抗死亡。如果医生被问到他的早期记忆,那么多半都会有一些关于死亡的片段。"躺在棺材里,那么安静,那么苍白"——这是有关某个画面的记忆。这个女孩可能是视觉型的,喜欢观察世界。

"后来到了墓地,棺材被放下墓穴,我记得,绳子被从那粗糙的盒子底下抽出来。"她再一次向我们提到了她看到的东西,这证明了我们的推测,她是属于视觉型的人。"这次经历让我开始害怕,只要提到任何已经前往生命彼岸的亲戚、朋友或熟人,我就会满心恐惧。"

再一次,我们见识到了死亡带给她的深刻影响。如果我有机会和她聊一聊,我会问:"等你长大后想做什么?"也许她会回答:"医生。"如果她不回答或是回避这个问题,那么我就会建议:"你不想当个医生或是护士吗?"当她提及"生命彼岸"时,我们能从中感觉到某种对于死亡恐惧的补偿。将她的记忆作为一个整体来看待的话,我们能够得出如下推论:她的祖父对她很好,她是个视觉型的人,死亡在她的心灵世界里扮演了非常重要的角色。而她从生活中得出的结论是:"我们都会死去。"这是毫无疑问的,但并非人人都会如此关注它。还有许多其他的事情能够吸引我们的注意力。

3. "当我三岁的时候,我的父亲……"一开始,她的父亲就出现了。我们可以假设,与母亲比起来,这名女孩对她的父亲兴趣更大。一般来说,对父亲的兴趣总是出现在成长的第二阶段。最初,孩子总是对母亲感兴趣,因为在一两岁时他们与母亲的关系十分亲近。孩子需要母亲,从属于母亲——孩子的所有心灵活动都与母亲密切相关。如果一个孩子转而对父亲投注了更大的兴趣,那么母亲便是失败的。这个孩子对她的处境不满意,这通常都是因为有更小的孩子出世了。如果我们在这段回忆里找到了一个弟弟或妹妹,就能证实我们的推测了。

"父亲给我们买了一对小马。"家里有不止一个孩子,我们很有兴趣继续听下去。"他拉着它们的缰绳,把它们牵进屋子里。我的姐姐,她比我大三岁……"我们得要修正之前的推断了。我们以为这个女孩是姐姐,但事实证明她是妹妹。也许姐姐更得妈妈的喜爱,这就能解释为什么这个女孩会提到父亲和作为礼物的两匹小马了。

"我姐姐拿起一条缰绳,牵着她的小马骄傲地走到街上。"这里是姐姐的一个胜利姿态。"我自己的小马紧紧跟着她的小马,走得太快了,我几乎跟不上"——这是姐姐抢先出发的结果!——"我被拖倒了,摔了个狗啃泥。"热切的期待,却得到了个耻辱的结果。姐姐赢了,她占据了上风。我们十分肯定,这个女孩真正要说的是:"如果我不小心,姐姐就会一直赢。我就会一直被打败,一直倒在尘土里。要想确保安全,唯一的办法就是拿第一。"此外,我们还能了解到,她的姐姐一定已经得到了母亲的欢心,而这就是妹妹要转向父亲的原因之所在。

"虽然后来我比姐姐骑马骑得好多了,但这丝毫不能减少当时的失望感。"到这里,我们的所有假设都得到了证实。我们能够看到两姊妹间的竞争。年幼的那个觉得:"我总是落在后面,这不行,我得赶上去,超过其他人。"这是我之前提到过的一种类型,在次子女或幼子女身上很常见。这样的孩子通常都有一个作为领跑者的哥哥或姐姐,而他们则总是在为超越领先者而努力。这名女孩的记忆强化了她的态度。它在对着她低语:"如果有任何人比我优秀,那我就会遇到危险。我必须永远是第一。"

4."我最初的记忆是被姐姐带去参加各种聚会和社交活动,我出生时她已经十八岁了。"在这名女孩的回忆中,她就是社会的一份子——或许我们应该在这份记忆中找到比其他人更高的合作度。她的姐姐比她大十八岁,对她来说一定就像是妈妈一样,这就是家里最宠爱她的人——而姐姐似乎也采用了一种非常聪明的方式将这个孩子的兴趣向外扩展开去。

"在我出生以前,家里除了四个男孩以外只有姐姐一个女孩,所以她自然很乐意到处炫耀我。"这听起来似乎并不像我们想象的那么好。当一个孩子被"炫耀",那么他的兴趣很可能就在于赢得社会大众的喜爱,而非对其做出贡献。"所以她在我还很小的时候就带着我到处跑。关于这些聚会,我唯一能记住的就是我一直被逼着说一些话,'告诉这位女士你的名字',诸如此类。"这是一种错误的教育方式,因此我们完全可以预料,这名女孩可能口吃,或是存在其他表达方面的困难。如果孩子有口吃的问题,多半都是因为他们的表达受到了过多的关注。他们无法轻松自如地与他人交流,相反,他们被教导得太过自我关注,满心只期待得到别人的赞赏。

"我还记得,如果不说些什么,那么回到家里时我就会被责骂。所以我开始讨厌出门,讨厌见到其他人。"我们的推测必须得全盘推倒重来了。现在,我们能看出来,她的最初记忆所表达的真正含义是:"我被带入了与其他人的交往之中,但我发现这并不令人愉快。由于这些经历,我从那时起就讨厌这些所谓的合作和互动了。"所以,我们应该能猜到,她很可能到现在也不喜欢和人打交道。我们还应该能想象到,当和别人在一起时,她会显得局促不安,在内心里她觉得自己应该是光芒四射的,可是这对她来说要求太高了。在她的成长过程中,她丧失了与其他人相处的轻松、平等的感觉。

5. "在我很小的时候,发生了一件大事,我记得很清楚。那是我差不多四岁大的时候,曾祖母来看我们。"我们已经注意到,祖母们往往很宠爱她们的孙子孙女,但我们还不知道一位曾祖母会怎样对待孩子们。"在她来看我们的时候,我们拍了一张四世同堂的照片。"这位女孩非常在意她的家族谱系。既然她能如此清楚地记得曾祖母的到访和当时拍的照片,我们或许可以得出结论,她对自己的家庭相当依恋。如果我们没有弄错,应该就能发现她的合作能力基本局限在家族圈子之内。

"我清楚地记得,当时我们坐车到了另一个镇上,到照相馆以后,我换了一件白色绣花的衣服。"这位女孩也有可能是属于视觉型的。"在拍那张四世同堂的照片之前,我的弟弟和我先拍了一张合影。"我们再一次发现了她对于家庭的兴趣。她的弟弟是家庭的一部分,或许我们还会看到更多她和他之间的关联。"他们让他坐在我旁边的椅子扶手上,给了他一个红色的球让他抱着。"现在,我们发现这名女孩的主要努力目标了。她在告诉自己,弟弟比她更受宠。我们或许可以推测,对于弟弟的出生她并不觉得高兴,因为这样她就不是最小的孩子了,弟弟抢走了原本属于她的宠爱。"他们让我们笑。"她的意思是:"他们想让我笑,可是有什么值得我笑的呢?他们给弟弟安排了一个宝座,还给了他一个鲜亮的红球,可我得到了什么?"

"接下来就是拍大合照了。每个人都试图表现出最漂亮的一面,除了我。我不肯笑。"她以此来挑衅她的家庭,因为他们对她不够好。她一直记着的这段最初记忆传达给我们的信息是:看看我的家庭是怎么对待我的!"在他们要弟弟笑时,他笑得那么好看。他太可爱了。从那天开始,我就讨厌照相了。"

类似这样的回忆给了我们一个很好的机会来了解大多数人对待生活的态度。我们得到了一个印象,用它来判断一系列的完整行为,从中得出结论，然后把它们当作明白无误的事实并据此采取行动。显然，对这名女孩来说，拍摄这张照片的经历是一个不愉快的记忆，以至于到现在她还是讨厌拍照片。我们常常发现，如果某个人不喜欢什么东西，那么他就会为他的不喜欢而辩护，从以往的个人经历中找出一些东西来解释这一切。这段最初的记忆为我们提供了两条线索，可供我们来探讨记忆主人的个性。首先，她是视觉型的；第二，也是更重要的，她非常依赖她的家庭。她最初记忆的唯一一行为就发生在她的家庭圈子里。她很可能无法很好地适应社会生活。

6."就算不是最早的，这也是我最早期记忆中的一个，是在我三岁半左右的时候发生的一件事情。一个为我父母工作的女孩把我堂兄和我带到了酒窖里，给我们尝苹果酒。我们非常喜欢。"发现藏着苹果酒的地窖是一次非常有趣的经历。这是一场探险之旅。如果我们必须在现阶段就做出推断，我们或许可以在两种猜测中选择一个。也许这个女孩喜欢新鲜的经历，对生活满怀热情。也许，恰恰相反，她的意思是，有许多意志力更强的人会诱骗我们，将我们引入歧途。更多的回忆将帮助我们做出选择。"过了一会儿，我们觉得想要再多尝一点儿，于是就自己动手了。"这是个勇敢的姑娘，她希望独立。"就在这时我的腿软了，苹果酒被打翻在地，酒窖里湿了一大片。"在这里，我们看到了一个禁酒主义者诞生的苗头。

"我不知道这件事跟我不喜欢苹果酒和其他酒精饮料有没有关系。"再一次，一个小小的意外事件成为一个完整生活态度的成因。如果我们就事论事地来看，这件事并没有重要到足以造成如此深远影响的程度。可是这位女孩却把它当作了不喜欢酒精饮料的充足理由。我们或许能够发现这位女孩是一个善于吸取经验教训的人。也许她非常独立，犯错时总会自我纠正。这种品质可能是她整个生活的一大特点。从整段描述来看，她在说的似乎是："我会犯错，但只要我发现了错误，就能及时改正。"如果是这样，她就能具备很好的性格，积极主动，勇于进取，总是渴望自我完善并改善处境，自然也就能拥有好的、有益的生活。

在以上所有的例子中，我们所做的就是训练自己的推测能力，以期更精准地掌握这项艺术。事实上，在我们能够确认自己的推测准确之前，还需要考察每一个个体的更多其他性格特征。现在就让我们来研究一些病例吧，从这些病例中，我们能够看到个人性格在所有表达方式中所展现出的一贯性。

一名患有焦虑症的三十五岁男子来向我求医。只要走出家门，他就会感到焦虑不安。他一次又一次地被迫出门工作，但从走进办公室的那一刻开始，他就会呻吟哭泣，整天如此，直到晚上回到家中，在他母亲身旁坐下来为止。当被问到他最早的记忆时，他说："我记得那是四岁的时候，我坐在家里的窗户旁，兴致勃勃地看着外面的街道和忙碌的人们。"他想要观察别人的工作，而他自己只想坐在窗户旁看着他们。他相信自己无法在工作中与他人合作，若是想要他的病症得到改善，我们唯一能做的就是将他从这种想法中解脱出来。到目前为止，他还是认为自己只有依靠别人的支持才能活下去。我们必须改变他的整个观点。无论是责备他，还是使用药物或激素，对他来说都不会有帮助。好在他的最初记忆能够帮助我们更好地提出建议，找到可能吸引他的工作。他的主要兴趣在于观察。然而我们却发现他受到了近视的困扰，由于这个缺陷，他反而在观看事物上投注了更多的注意力。成年以后，本该要开始工作了，可他还是只想继续旁观，不想工作。其实这两者并不一定是冲突的。在痊愈之后，他拥有了一份自己的事业，而且还和他的主要兴趣完全一致。他开了一家艺术品商店，就这样，他终于找到了自己的方式，得以投入社会和劳动分工之中。

一名患有癔病失语症的三十二岁男子前来就医。除了喃喃低语之外，他无法再说出任何一个字。这种情况已经持续了两年。事情的起因是，他踩在一片香蕉皮上滑倒了，撞到了一辆出租车的窗户上。之后他吐了两天，并且就此得上了偏头痛。毫无疑问，他得了脑震荡。但既然喉部并没有发生任何器质性的病变，那么最初的脑震荡也就不足以解释为什么他不能说话了。事故之后，他曾经有八周的时间完全不能说话。这次事故到现在还在打官司，但很麻烦。他将事故完全归罪于出租车司机，将出租车公司告上了法庭，要求赔偿。可以理解，如果他表现出某种残疾，那么在法庭上就会拥有很大的优势。我们不能说他是在作假欺骗，但的确没有什么动力足够让他重新开口说话。比较有可能的一种情况是，在经过那次事故的冲击之后，他真的一度感觉说话有困难，只是之后也找不到改变这一情况的理由。

这位病人曾经就诊于一位喉科专家，但这位专家没有发现任何问题。当问到他最早的记忆时，他告诉我们："我在一个吊篮里，仰面躺着。我记得自己眼看着钩子脱落，摇篮掉了下来，我受了重伤。"没有人喜欢摔跤，但这个人却特别强调摔跤，关注其中的危险。这是他最关心的事情。"就在我摔下来时，门打开了，妈妈走了进来，她吓坏了。"通过摔跤，他吸引到了母亲的注意力。事实上，这段记忆同时也是一种谴责："她没能照顾好我。"同样地，出租车司机和拥有这辆出租车的公司也犯了这样的错误。他们都没有好好照顾他。这是一个被宠坏了的孩子的生活方式：努力让其他人来对他自己负责。

他的下一段记忆讲述了一个类似的故事。"五岁时，我从二十英尺高的地方摔了下去，头上压着一块很重的板子。足足有五六分钟的时间，我说不出话来。"这位病人很擅长"失语"。他对此训练有素，总是把摔跤作为拒绝说话的理由。我们无法将这视为适当的理由，可他恰恰就是这么看的。他已经习惯了这种方式，以至于到了现在，只要一摔倒，他就自然而然地失去了说话的能力。除非他能够明白这整个逻辑都是错误的，知道摔跤与不能说话两者之间没有任何必然的联系，特别是要了解，为了区区一次意外事故而嗫嚅两年实在是大可不必，否则，他就不可能真正痊愈。

然而，这段记忆告诉了我们为什么他会难以理解这一切。"我妈妈跑出来，"他接着说道，"看上去被吓坏了。"在两次摔倒的事件里，母亲都被吓到了，他吸引到了母亲对自己的关注。他是个希望成为人们关注焦点的孩子，想要大家都围着他转。我们能看出来，他是多么想要为自己的不幸而谋求补偿。其他被宠坏的孩子也可能在类似的情形下采取同样的举动。当然，他们不见得会选择语言能力的缺陷作为武器。这是我们这位病人的注册商标，是他从个人经验中建立起来的生活方式的一个组成部分。

我有一位二十六岁的男病人，他抱怨说自己总是找不到满意的工作。八年前他父亲带他入行，成为一名经纪人，但他从来就不喜欢这份工作，最近终于辞职了。他尝试过寻找其他工作，但没能成功。除此之外，他还饱受失眠的困扰，甚至偶尔会冒出自杀的念头。在放弃经纪行的工作时，他离开家，到另外一座城市找了一份工作，但随即就接到了一封被告知母亲生病的信，因此不得不回到了家中。

从上述种种中我们已经可以推断出，他的母亲十分溺爱他，而他的父亲则试图左右他。我们接下来很可能会发现，他的生活就是在反抗父亲的权威。当谈及在家里的顺位时，他告诉我们，他是最小的孩子，而且是家里唯一的男孩。上面有两个姐姐，大姐总是想要对他发号施令，二姐也差不多。而父亲总是对他唠唠叨叨。这让他深深感觉自己被整个家庭控制着，只有母亲是他唯一的朋友。

这位病人直到十四岁才开始上学。后来，父亲又把他送进了一所农业学校，这样他将来就能在父亲计划购买的那个农场里帮忙了。这男孩在学校里过得很好，却也明确了他不想当一个农民的意愿。经纪行的工作也是他父亲安排的。很令人惊讶的是，这份工作他居然做了八年。而他自己的解释是，希望尽可能为母亲多做点事。

小时候的他是个不在乎整洁的孩子，羞怯、怕黑、害怕孤独。当我们听到孩子不爱干净时，就知道，一定是有人跟在他们身后随时收拾。当我们听到孩子害怕黑暗和孤单时，就能推断，一定有人总是在关注着他们，会去安慰他们。就这位年轻人来说，这个照顾他的人就是他的母亲。他不觉得交朋友是容易的事情，但却能在陌生人当中如鱼得水。他从未感受过爱情，也对恋爱没有丝毫兴趣，更不想结婚。他目睹了父母并不幸福的婚姻，这也有助于我们理解他自己为什么会抗拒婚姻。

在经纪行里工作的时候，他的父亲仍旧在对他施加着压力。他自己更想往广告业发展，但他很确定家里人不会出钱让他去学习这个专业。在每一个节点上，我们都能看到，这位病人行动的目标就是与他的父亲对抗。在经纪行工作时，尽管有这个能力，但他却从头到尾都没想过自己花钱去学习广告。他只是将它看作一个可以向父亲提出的新的要求。

他的最初记忆很清楚地显示了一个受到溺爱的孩子对专制父亲的反抗。他记得自己是如何在父亲的餐馆工作的。他喜欢清洗盘子，喜欢把它们从一张桌子挪到另一张上去。这些乱动盘子的行为惹恼了他的父亲，他被当着客人的面扇了一记耳光。他用自己最初的记忆来证明，父亲是个敌人，而他的整个人生就是一场对抗父亲的战斗。其实他并不真的想要工作。只有伤害父亲才能令他完全满意。

至于自杀的念头,也很好解释。任何自杀都是一种谴责行为,他用自杀的念头来说话:"这全都是我父亲的错。"他对工作的不满也同样是对父亲的直接对抗。父亲所做出的每一项计划他都要抵制——偏偏他又是个被宠坏了的孩子,根本无法在工作中独立自主。他并不真的想要工作。他更想玩,但好在对母亲他还是保留了一些合作精神。不过,怎样用父子之间的对抗来解释他的失眠症呢?

如果一夜无眠,第二天他就没有精神好好工作。他的父亲希望他去工作,但这个男孩厌倦了,觉得自己无法应付工作。当然,他可以说"我不想工作,我不想被强迫",但他还得考虑到他的母亲和家庭的经济环境。如果草率地拒绝工作,他的家人会觉得他无可救药,进而不再为他提供支持。于是,失眠,这个表面看起来无懈可击的不幸解决了一切。

一开始他说他从来不做梦。然而后来,却记起了一个常常重复出现的梦境。他梦到有人把一只球往墙上扔,球总是弹开。这看起来是个无关紧要的梦。我们能从中找出梦境与他的生活方式之间的关系吗?

我们问他:"后来怎样了?"他告诉我们:"每次球一弹开我就醒了。"到这里为止,他的失眠症的全貌已经展现出来了。这个梦就是他的闹钟,用来把他自己从梦中唤醒。他想象着每个人都在逼迫他,推着他,强迫他去做他自己并不想做的事情。他梦见有人往墙上丢一只球。每到这时,他就会醒过来。结果就是,第二天他会很疲惫,而当他疲惫了,就无法工作。父亲非常紧张他的工作,因此,通过这样迂回的方式,他打败了父亲。如果我们只看他和父亲的对抗,会觉得他真是聪明,竟能找到这样的武器。然而,于人于己，他的生活方式都谈不上是令人满意的，我们必须要帮助他改变这一切。

在我将他的梦境解释给他听之后，这个梦就不再出现了，但他告诉我他在夜里仍会不时醒过来。他不再有勇气继续这个梦，因为他已经认识到了梦的目的，但仍然继续努力着让自己能够在白天疲惫不堪。我们要怎样做才能帮助他呢？唯一有希望的方式就是让他和他的父亲和解。只要他所有的努力还是聚焦在激怒和打败父亲的目标上，那么一切就无济于事。一开始，按照我们必须遵循的惯例，我对病人的态度表示了认同。

"看来你的父亲是大错特错了，"我说，"他无时无刻不在想着将他的权威加诸你身上，这是非常不明智的。也许他有一些问题，需要看看医生。但你能怎么办呢？你不能期望去改变他。比方说，下雨了，你能做什么呢？你可以撑把伞，或是搭乘出租车，无论如何，想要打败甚至制服雨都是不可能的。而现在，你就是在和雨战斗。你认为这能够展示你的力量，能占据上风。但实际上，你比其他任何人所受到的伤害都多。"

我解释了他所有问题里潜在的一致之处——他对工作的不确定、他的自杀念头、他离家出走的行为、他的失眠症……而且我还告诉他，在所有这些行为中，他都在通过惩罚自己来惩罚他的父亲。此外，我还给了他一个建议："今晚睡觉时，你就想着你会一次又一次地让自己醒过来，这样你就能在明天感到疲惫不堪。想象到了明天，你太累了无法去工作，结果惹得你的父亲大发雷霆。"我希望他面对现实：他的主要兴趣是激怒并伤害他的父亲。如果我们不能停止这种战斗，那么任何治疗都是无用的。他是个被宠坏了的孩子。我们能够看出这一点，而现在，他自己也能看到这一点了。

这种情况非常类似所谓的俄狄浦斯情结。这名年轻人全身心沉浸在"伤害父亲"这个目标上,同时又极度依赖他的母亲。但这一切与性无关。他的母亲很纵容他,而他的父亲则显得不近人情。他从小没有得到正确的教导和培养,对于自己的位置也没有恰当的解读。他的问题与遗传无关。这并非来自那些杀死部落酋长的野人的本能,而是来自他自己的亲身经历。这样的态度可能出现在每一个孩子身上。只要有一个纵容孩子的母亲,就像他的母亲一样;还要一个严厉的父亲,就像他的父亲一样。如果孩子起而反抗他们的父亲,同时又无法独立面对他们自己的问题,我们就能够明白,要形成这样一种生活方式是多么容易了。

第五章
梦境

在所有关于梦的解读中,只有两种理论是合乎逻辑并且具有科学性的,那就是弗洛伊德(Freud)的精神分析学派和个体心理学学派。

几乎所有的人都会做梦,但很少有人能够理解他们的梦境——这是多么令人震惊的情形啊。毕竟,做梦是一种常见的人类心灵的活动。人们总是对梦境感兴趣,总是想要知道它们的含义。许多人相信他们的梦富有深意,灵异,不容轻忽。这种兴趣的源起可以一直追溯到人类的最早期。然而,总的来说,人们对于自己做梦时究竟在做什么,或是为什么会做梦,仍旧毫无概念。据我所知,在所有关于梦的解读中,只有两种理论是合乎逻辑并且具有科学性的,那就是弗洛伊德的精神分析学派和个体心理学学派。而两者之中,或许只有个体心理学者才能声称其研究方法具有普遍性的意义。

对梦的传统解读

显然,在这两种学派出现之前,所有解读梦的尝试都是不科学的,但它们也不应被忽视。至少,它们能够显示出人们是如何审视他们的梦境,又是以怎样的态度来看待梦的。梦是心灵创造性活动的成果,如果我们仔细考察过去人们是如何看待梦所扮演的角色的,那么也就大致能明白他们想要的究竟是什么了。在研究的一开始我们就发现,人们一直认为梦境与某种关于未来的启示有必然的联系。人们常常觉得，某种有控制能力的灵魂、神或祖先会在梦境中操控他们的心灵，其中有的人还会在遇到困难时将自己的梦作为指引。

古老的解梦书里提供了对于各种梦境的解释，还阐述了如何以此来推测做梦者未来的方法。原始部族的人们在他们的梦境中寻找预兆和启示。希腊人和埃及人前往神庙，祈求能做一个神圣的梦，好改变他们未来的人生。这些梦被当成了疗伤圣药，人们认为它们能够解除身体或精神上的病痛。通过净化、斋戒和汗屋仪式，美洲印第安人煞费苦心地引梦，并根据他们对梦境的解析来采取行动。在《旧约全书》（*Old Testament*）里，梦总是被解释为对未来某个事件的预示。即便到了今天，也有人坚称在他们梦中出现的事情后来真的发生了。他们相信自己在睡梦中是具有预见未来的能力的，而梦也就这样莫名其妙地变成了预言。

站在科学的角度来说，这些观点都是毫无道理的。从第一次尝试解决梦的问题时，我就清楚地知道，与能够充分运用个人所有能力的清醒时刻比起来，梦中的人在预见未来方面反而是居于劣势的。看起来，梦不但不比人们的日常思考更智慧或更有洞察力，反倒是更加混乱，难以理解。但既然有这样的传统认知存在，必然有其理由，或许从中能找出某些真正有意义的东西。如果结合恰当的背景来审视它，它就能提供给我们所需要的线索。

我们已经知道，人们认为能够为他们遇到的难题提供解决方案。由此不妨推论，人们做梦的目的就是为了寻找对于未来的指引和当前难题的解决方法。这与梦能够提供预示的观点相去甚远。我们还必须考虑到，做梦的人想要得到的是什么样的解决方案，又是从哪里找出它们的。很显然，比起对实际形势做出全盘考察并且审慎思考后找到的解决方法，出现在梦里的那些看起来会更糟糕一些。毋庸赘述，事实上，做梦的人只是希望能够在睡梦中轻松解决掉他们的麻烦。

弗洛伊德学派的观点

弗洛伊德学派认为梦有其意义，而这个意义可以通过科学的方法来加以破译。然而，在好些地方，弗洛伊德学派对梦的阐释已经超出了科学的范畴。举例来说，它首先假设了一个前提条件，那就是心灵在白天和晚上的活动是不同的。"意识"与"无意识"相互对立，而梦则被安上了与白日思维相矛盾的规则。无论在哪里看到这样的自相矛盾，我们都应抱有怀疑，这难道是一种科学的态度吗？在古代哲人和原始部落人的思想中，我们常常能看到类似的倾向：将概念对立起来，楚河汉界，针锋相对。这种对立或二元思维在神经官能症患者的身上也有明显的体现。人们常常认为左和右是对立的，与之类似的，男人与女人，热与冷，轻与重，强壮与孱弱，统统都是对立的。然而，以科学的观点来看，它们之间的关系并非对立，而是一种相对的变化。它们是依照与虚构的理想点的关系而排列在标尺上的不同的点。好与坏，正常与异常，也并不真正是对立的。任何将睡眠与清醒、梦中思维与日常思维对立起来考量的理论从根本上说就是不科学的。

原始弗洛伊德派的另一个问题在于，将梦放置在单一的性背景下进行考察。这同样是在将它们与人们的日常努力和行为割裂开来。如果这是真的，那么梦就不能体现完整的个体性格，而仅仅是代表了其个性的一部分。弗洛伊德派的学者们自己也发现了单纯以性来解释梦是不合适的，于是弗洛伊德提出，还可以在梦中寻找到有关对于死亡的无意识渴望的表达。或许我们可以发现，在某种意义上来看，这是正确的。正如我们已经注意到的，做梦的动机就是希望为当下的问题找到一个简单的解决方法，梦是做梦者缺乏勇气的表现。然而，弗洛伊德学派的术语充满了隐喻，以至于丝毫无助于我们探究个体的完整个性是如何投射到梦境之中的。梦境与醒时的生活再一次被完全地分隔开来。在弗洛伊德学派的理论里，我们得到了许多有趣而富有价值的暗示。例如，其中特别有用的一个暗示是，重要的并非梦本身，而是掩藏在其中的思想。在个体心理学中，我们得出了一个多少有些类似的结论。弗洛伊德派精神分析法的错误在于缺少了心理学这门学科的首要先决条件——认识到性格之中具有的一贯性，以及个体的思想、言辞、行为所具有的统一性。

在弗洛伊德学派对于梦境解析的各重要问题的解答中，我们都能看到这一缺憾的存在。比如，对于"梦的目的何在，人究竟为什么会做梦"的问题，精神分析的回答却是"为了满足个体没有得到满足的欲望"。但这个观点完全不能解释清楚每一件事情。假如不再做梦了，人们醒来就把梦忘记了，或完全不理解梦，那么所谓满足又是从哪里得来的呢？所有人类都会做梦，然而几乎没有人能读懂自己的梦。既然如此，我们又能从做梦之中得到什么快感呢？如果梦中的生活与我们白天的生活毫不相干，而梦所带来的满足感也只作用于梦境中，那么我们或许可以稍稍理解梦对于做梦者的意义。但依照这样的解释，我们就丧失了个体性格的一贯性了。梦对醒着的人就不再有任何意义。

从科学的观点来看，做梦者与清醒的人都是同一个个体，因此梦的意义也一定是与具备一贯性的个性相一致的。不错，在特定情形下，我们可以将某一类人力求在梦中获得愿望满足的努力与他的整体性格相联系。这类人就是被宠坏了的孩子，他们总是询问：

"我要怎样才能得到我想要的？生活给了我什么？"这样的人很可能会在梦中去寻求满足，他们的一切行为也都是如此。事实上，如果我们观察得更仔细些，就能够发现，弗洛伊德派的理论只适用于被溺爱的孩子，他们觉得自己的天性绝不可以被否定，而且将他人的存在看成是不公平的事。他们永远都在问："我干吗要爱我的邻居？他们爱我吗？"

精神分析是以被溺爱的儿童为前提和基础的，并且煞费苦心地对这一前提进行了周详的阐述。但对于满足感的追求不过是追求优越感的千百万种表现中的一种，我们无法接受这样的观点，即将它作为性格的一切表达的核心动机。而且，如果我们真的找出了梦的作用，那么它也能帮助我们了解遗忘梦境或不理解梦境的意义之所在。

个体心理学对梦的研究方式

差不多二十五年以前，当我刚刚开始探究梦的意义的时候，发现这是摆在我面前的最棘手的难题。我能明白，梦中的生活并非与清醒时的生活相对立，它总是与生活中其他活动及表达并行不悖的。如果白天的我们是在专注于朝着优越目标而努力，那么夜晚的我们必定也是忙于同样的问题。无论是在梦中还是清醒着的日常生活中，每个人都有他们统一的潜在目标，因此他们在梦里也一定是在追求着同样的优越目标。因此，梦必然是人们生活方式的产物，并与其生活方式相适应。

强化生活方式

以下的考察能够直接帮助我们厘清梦的意义。我们在夜里做梦，但在清晨来临时却常常将梦境忘得一干二净。看似水过无痕，毫无踪迹可循。但真是这样吗？真的什么都没有留下吗？答案是，有的。梦所带给我们的感觉还保留着。没有任何画面，没有任何对于梦的理解，只有感觉久久萦绕。梦的目的必定就在于它们所激发出的感觉之中。而梦就是唤起感觉的工具与方式。之所以有梦，就是为了留下这些感觉。

每个人创造出的感觉必定是与他们的生活方式相符合的。梦中思想与白日思想之间的差异并非绝对，两者间并没有明确的界限。简单概括两者差异的话，那就是，在梦中时我们的现实感比清醒时少一些，但也并没有与现实完全割裂。如果白天里我们遇到了某些问题，那么在梦境中也同样会为之困扰。梦与现实的联系仍然存在，一个能够证明这个判断的简单证据就是：即便是在梦中，我们也不会滚下床来。当父母的人能够在街头的喧闹嘈杂声中酣然入睡，却会因为孩子最轻微的动作而惊醒。哪怕是在睡梦中，我们仍然保持着与周遭世界的联系。不过，不管怎么说，尽管感官知觉从未缺席，但它的确是减弱了的，我们与外界现实的联系也因此而更松散。做梦时我们总是独自一人。社会的要求所施予的压力不再那么大。在梦中的思想里，我们面对身边形势时不必那么诚实。

只要没有紧张感，并且确定已经为我们的问题找到了解决方案，那么我们的睡眠就不会受到干扰。梦也是一种对于平静安宁的睡眠状态的干扰。据此可以推断，只有在不能确定问题的解决方法时，只有现实压力延及我们的睡眠，一直提醒我们所面临的困难和必须要解决的问题时，人们才会做梦。

现在，我们可以来探讨心灵是如何在睡梦中面对问题的了。既然梦中的我们不必应付所有的情形，问题自然会显得简单一些，因此所得出的解决方案需要再加调整的可能性也最小。梦的目的在于支持和巩固做梦者的生活方式，唤起最适应这种方式的感觉。但为什么生活方式需要支持呢？有什么可能威胁到它吗？答案是，在现实与常识面前，它是易受攻击的。所以，梦的意义就在于为个人的生活方式提供防护，以此对抗常规认知的压力。这为我们提供了一个有趣的见解。如果个体正面临着一个他不愿利用常识来解决的问题，那么他就会借助于梦所唤起的感觉来肯定自己的态度。

猛一看，这似乎与我们的日常生活是矛盾的，但事实上并无冲突。在清醒的时候，我们能够以完全相同的方式激发起这些感觉。如果一个人遇到了困难，却又不愿意利用常识来解决，以免影响到自己旧有的生活方式，那么他必定会竭尽所能来为自己的生活方式辩护，使其看起来令人满意。比如说，如果一个人的目标是轻松的赚取钱财而无需挣扎、努力，无需对他人做出贡献，那他就很可能选择赌博。他也知道，许多人因为赌博而倾家荡产、祸及生活，却还是奢望着能够轻松博来万贯家财。那么他会怎么做呢？他会想象自己通过投机取巧赚到了钱，买了车，生活豪奢，成为人人艳羡的大富翁。透过这些想象的画面，他唤起了能够促使自己采取行动的感觉。最终，他们偏离了常识，开始赌博。

同样的事情也会发生在更为司空见惯的环境中。比如，我们正在工作，这时有人来对我们说起一部他们看过并且很喜欢的戏剧，我们就会觉得仿佛停下了工作，心神已经飞到剧院里去了。如果有人陷入了爱河，那他就会开始想象两人的未来，如果他神魂颠倒了，那就会把未来想象得非常美好。有时候，当他们感觉到悲观时，对于未来的想象也会变得晦暗无光。但无论如何，他都会唤起自己的感觉。仔细观察人们为自身而唤起的感觉，我们通常就能够判断出他们究竟是哪种类型的人。

但是，如果说，除了感觉之外梦什么也没有留下，那它对常识又有什么影响呢？梦和常识是一对死敌。我们可能发现，那些不喜欢被感觉所迷惑，更乐于以科学方式来行事的人很少甚至压根儿就不做梦。而另有一些人则不想通过正常有益的方式解决问题，不愿采纳更符合常识的办法。常识是合作的一个侧面，因此没有受到良好合作训练的人不会喜欢常识。这类人时常做梦。他们总是在担心自己的生活方式遭到批评，因此时刻准备为之辩护；他们希望避开现实的挑战。我们可以断言，梦是一种在个人生活方式与其眼下遭遇的问题之间建立联通的尝试，因此它会避免对个人的生活方式做出任何调整。而生活方式就是我们梦境的编剧、制作人和导演。它们总是能成功唤起个人所需要的感觉。我们能够发现，在梦中没有任何凭空而来的性格特征和行为。无论做梦与否，我们解决问题的方式总是一样的，只是梦为我们的生活方式提供了支持和辩护。

如果这是真的，我们就在理解梦的征程上迈出了全新而极其重要的一步，即我们在梦中欺骗自己。每个梦都是一次自我陶醉，是一次自我催眠。它的所有目的就在于制造出一种心境，在这种心境中，我们能够为特定的情形做好最充分的准备。我们应当能够看到，梦中所体现的个性与人们在日常生活中的别无二致，但同时我们也要看到，在人们的心灵工厂中，个性正在为白天准备着人们将会用到的各种感觉。如果我们是对的，那么在梦的构筑和它所采纳的意义中都能发现这种自我欺骗。

我们发现了什么？首先，我们发现了一种对于梦中景象、插曲、时间的必然选择。之前我们已经提到了这些选择。当人们回顾自己的过去时，他们会对当时的景象和事件加以筛选编辑。我们已经了解到，人们的选择是有倾向性的，他们总是从诸多记忆中选取那些能够为个人优越目标提供支持的片段。正是个人的目标决定了他的记忆。同样的道理，在梦的组织构建过程中，我们所选择的素材也都是能够巩固我们的生活方式，并且能够在面对特定问题时揭示出生活方式对我们所提出的要求的。就这样，事件的选择本身就喻示了个人生活方式与其当前所面临的困难之间的联系。要现实地直面这些难题，我们需要的是常识，但生活方式却坚持不肯让步。

象征与隐喻

究竟是什么构成了梦？从远古时代开始，人们便已经观察到，梦是由象征和隐喻构建而成的，现在弗洛伊德也特别强调了这一点。正如一位心理学者所说的："在梦中，我们都是诗人。"为什么梦会以诗意和充满隐喻的语言来叙述？答案很简单。如果我们直白地讲述，没有象征，没有隐喻，那么就无法逃开常识。然而，隐喻和象征却可能被滥用。它们能够组合出不同的意义，可以同一时间讲述两件事，其中还有一件可能完全是虚假的，从中可能推导出完全不合逻辑的结论。它们能够唤起感觉，我们也在每天的日常生活中使用它们。比如我们在试图纠正某人的行为时，可能会说："别像个小孩子一样！"那些不相干的，或是某些只能诉诸情感的东西总是在我们使用隐喻的时候悄悄混进来。当一名彪形大汉对一名小个子生气时，他可能会说："他简直就是一条虫，应该被一脚踩死。"他通过隐喻表达了自己的愤怒。

隐喻是绝妙的表达工具，但我们却用它来欺骗自己。当荷马用驰骋沙场的雄狮来形容希腊军队时，他为我们呈现了一幅壮观的画面。要是说他其实更想要如实地描写一群群可怜的、满身尘土的士兵在战场上是怎样匍匐前行的，难道有人会相信吗？不，荷马希望我们将战士想象成威风凛凛的狮子。我们很清楚，他们不是真的狮子，但如果一首诗将笔墨都花在描摹战士们如何气喘吁吁、汗流浃背上，细写他们怎样振奋士气、避开危险，告诉人们他们的铠甲是那样残旧，以及无数类似的细节，那我们就不会被感动了。隐喻能够造就美好、辉煌与奇妙的幻想。但我们必须坚持，如果被一个拥有错误生活方式的人所用，隐喻和象征就会变得危险。

如果一个学生面临着考试，问题很清楚，他需要鼓起勇气，运用常识来面对它。但如果在他的生活方式中存在着逃避的因子，那么他就可能梦到自己身处一场战争之中，正在打仗。他将这个直白的问题隐喻化了，于是便觉得有足够的理由来感到害怕。他也可能梦到自己正站在一处深渊的边缘，必须往回跑才能避免掉下去。他不得不设法产生出这样的感觉，以此作为一种逃避的策略，一种回避现实的形式。通过将考试比喻为深渊，他完成了自我欺骗。与此类似的，我们也能够识别出另一种常常被用在梦中的策略。那就是将问题化繁为简，不断删枝去叶，直至原本繁杂的问题只剩下核心精华部分被留存下来。然后再用隐喻将这部分内容表达出来，将它当作原本的问题来对待。

如果有另一名学生，更有勇气，对人生也更具远见，希望能够完成她的任务，通过考试。不过她仍旧需要一些支持，好让自己可以更加放心——这是她的生活方式所需要的。在考试的前一晚，她可能会梦到自己正站在一座高山之巅。这幅表现她处境的画面极尽简化。在她的生活环境中，只有最小的那个部分被表现了出来。考试对她来说是个大事情，但通过删削掉许多枝节，将所有注意力集中到她所期望的成功之上，她唤起了相应的感觉来激励自己。等到第二天清晨，起床时她感觉到了前所未有的快乐和勇气，整个人焕然一新。她成功地将自己必须面对的困难减弱到了最小的程度。但除了安慰自己这一实际功用之外，这事实上也是一种自我欺骗。她没有借助任何一种常规的方式来面对整个问题，而只是建立起了一种自信的状态。

这种对于感觉的刻意营造并没有什么不寻常的。一个准备跳过小溪的人可能会在起跳之前默数到三。数到三真的那么重要吗？起跳和数到三之间有什么必然联系吗？两者之间没有丝毫联系。事实上，他数到三，只是为了做好心理准备，鼓起勇气，攒足力量而已。我们拥有一切必需的精神资源，可以精心构筑起一种生活方式，并不断对它加以修补、巩固。而在一切最重要的资源之中，有一项便是唤醒我们个人感觉的能力。我们没日没夜地专注于此，但它们或许在梦中才体现得更清楚。

就让我用一个自己的梦来说明人类自我欺骗的方式吧。在战争期间，我担任着一家医院的院长，这所医院专门收治患上了战争疲劳症的士兵。在治疗那些无法面对战争的士兵时，我为他们布置了一些简单的任务，竭尽所能地努力帮助他们。这在很大程度上缓解了他们的紧张情绪，常常大获成功。然而，这天来了一位士兵，他是我所见过的最魁梧健硕的人，可他却非常沮丧。为他诊治时，我一直在想要怎样才能帮助到他。当然，我也可以把这些遇到了麻烦的士兵们送回家，但我的每一份诊断建议都得通过一名上司的审核，因此我的仁慈心就不得不受到一些约束。这名士兵的情况很棘手，但最后我还是直言不讳："你得的是战争疲劳症，但你很健康，也非常强壮。我会给你一些简单的工作，这样你就不必回到前线去了。"

得知自己不能被送回家以后，这名士兵苦恼极了，回答道："我是个穷学生，必须靠教书养活年迈的父母。如果我不能继续教书，他们就得挨饿。没有我工作养活他们，他们俩都会死的。"

我也希望能送他回家，找一份办公室里的工作。但又担心就这样写在诊断书上的话，会激怒我的上司，反而害他被送回前线。最终，我决定在不违背我的诚实的前提下竭尽所能——我将证明他只适合防卫性的工作。当晚回到家，入睡之后我做了一个噩梦。我梦到自己变成了一个谋杀犯，在一条黑暗、狭窄的街道上仓皇奔逃，一边还拼命回想着被我杀害的究竟是谁。我记不起自己杀了谁，只是感觉到："我犯了谋杀罪，我完了。我的生活彻底毁了。一切都完了。"

醒来后，我的第一个念头就是："我杀害了谁？"接着便想起来："如果我不能帮助这名年轻的士兵在办公室里谋一份工作，他可能就会被送回到前线丢掉性命，那么我就成了杀人犯了。"你看，我就这样唤起了用来欺骗自己的感觉。我并没有杀害任何人，就算我所恐惧的不幸真的发生了，我也没有任何过错。但我的生活方式不允许我冒这样的风险。我是一名医生，我的职责是挽救生命，而不是将生命置于险境之中。我提醒自己，如果尝试为他谋一份轻松的工作，我的上司很可能反倒会将他送回前线，这没有任何好处。我心里很清楚，如果想要帮助他，我唯一能做的事就是遵循常识的规则，不要为自己的生活方式所扰。因此，我还是下了他只适于担任防卫性工作的诊断。

稍后发生的事情证明，遵循常识永远是更好的方式。我的上司读过报告后，将我的诊断划去了。我想："糟了，现在他要把他送回前线去了。我还是应该写他适合办公室工作的。"可是我的上司批示的是："机关服务六个月。"原来，这位军官收受了贿赂，原本就打算给这名士兵派一份清闲的工作。那位年轻士兵从来就没有当过老师，他对我说的全都是谎言。编造这样的故事，只是想要让我为他谋取一份轻松的工作，这样，接受了他的贿赂的高级军官就能方便行事，直接批准我的建议。从那以后，我想最好还是不要再理会梦境了。

梦是用来愚弄和欺骗我们自己的，这一事实解释了它们很少被理解的现实。如果我们都读懂了自己的梦，那它们也就不再具有唤起感觉和情绪的力量了，自然也就不能再欺骗我们自己了。那我们必将会更倾向于践行符合常识的方式，而拒绝受到梦的怂恿。结果就是，如果梦能够被理解，它们便丧失了存在的意义。

梦是当前现实问题与我们生活方式之间的一座桥梁，但我们的生活方式本不应再需要任何加固，它应当直接与现实关联。梦有许多种形式，每一个梦的背后都是一处个人生活方式中的薄弱点，在面临特定的情形时，人们感觉到有必要对这些与之相关的弱点进行加固。因此，梦的解释对每个人来说都是独一无二的。根本不可能对象征和隐喻进行格式化的解释。也就是说，梦是由个体的生活方式所创造的，源于每个人对其自身所处的特殊环境所进行的解读。如果我简要地谈到了某些较有代表性的典型的梦，那也并不是为了提供一份解梦的文本指南，而只是希望有助于阐释有关梦及其意义的普遍理解。

常见的梦

许多人都做过飞翔的梦。和其他所有的梦一样，这些梦的关键在于它们所带来的感觉。它们给人留下了一种轻快的心情，让人充满勇气，带着人们走出沉郁，变得激昂。在它们所描绘的场景中，困难被克服，优越感来得轻而易举。它们让我们可以把自己想象成勇敢无畏、高瞻远瞩、满怀雄心壮志的人，就像那些即便在睡眠中也从不放弃勃勃雄心的人一样。这类梦中都包含了一个问题和一个答案。问题是："我该继续还是停下来？"而答案是："前面一马平川，没有任何阻碍。"

很少有人没做过跌落一类的梦。这很值得注意。它所体现的是更趋于自我保护的心态，比起努力克服困难来，更加害怕失败。想想看，我们常常习惯性地警告小孩子，好让他们学会自我保护的方式，这就很好理解了。孩子们总在被告诫，"不要爬到椅子上去！""别动剪刀！""离火远一点！"他们总是被这些尚未发生的危险包围着。可这些警告却也有可能让人变成懦夫，以致永远无益于应付真正的危险。

当人们一再梦到自己不能动弹或是赶不上火车时，其中的含义通常都是："如果不用自己出手问题就能消失，那我会很高兴的。我一定要绕个弯，一定要多迟到会儿，这样就不用面对这个麻烦了。我一定要等到火车开走。"

也有许多人梦到过考试。有时他们会吃惊地发现自己竟然要在这么大的岁数参加考试，或是不得不考过一门明明在许久以前就已经成功过关的科目。对其中一些人来说，这个梦的含义是："你还没有准备好面对即将来临的问题。"而对另一些人来说，含义却是："你以前已经成功通过了这个考试，所以现在这个也一样能考过。"每个人的象征符号都是不一样的。对于梦，我们必须考虑的主要问题是它给人留下来的心情及其对于整个生活方式的适应方式。

案例分析

有一次,一名三十二岁的神经官能症患者前来就医。她在家排行第二,和大部分排行第二的孩子一样,野心勃勃。这名女子总是想要成为第一,解决一切问题的方式都力求完美、无可挑剔。可她却因为精神崩溃而来找我。她曾经陷入了与一名年长已婚男子的爱情,这名男子的生意失败了。她本想与他结婚,但他却不能离婚。接下来她做了一个梦,梦见自己住在乡间,将公寓出租给了一个男人,这个男人在搬进公寓后不久就结婚了,但却没钱支付房租。他不是个诚实的人,工作也不努力,她不得不请他搬出公寓。我们一眼就能看出这个梦与她的现状之间的联系。她正在考虑是否应该与一名事业失败的男子结婚。她的情人穷困潦倒,无法为她提供支持。更加令人担忧的是,有一次他邀请她共进晚餐,却没有带钱。这个梦的作用就在于唤起她抗拒结婚的感觉。作为一名富有雄心壮志的女子,她不希望与一个贫穷的男人联系在一起。于是她使用了一个隐喻,问自己:"如果有人租了我的房子却付不起房租,那我该怎么对待这样的租客呢?"答案是:"他必须离开。"

但这名已婚男子不是她的租客,两者不能等同看待。一个不能养家糊口的丈夫和付不起房租的租客不一样。要解决她的问题,并且更确定无疑地遵循她的生活方式,她让自己觉得:"我一定不能和他结婚。"通过做梦的方式,她回避了依照常识来解决整个问题的方式,而只是选出其中的一小部分加以处理。与此同时,她将整个爱情与婚姻的大问题最小化,就好像问题简单到一个隐喻就足以表达一样:"一个男人租了我的房子,如果他付不出房租,就必须滚出去。"

个体心理学的治疗技巧总是致力于激起人们面对生活中现实问

题的勇气,既然如此,梦会随着治疗进程而改变,转而展现出更自信的态度,那也就是显而易见的事情了。一名忧郁症患者在结束治疗前的最后一个梦是这样的:"我一直坐在一片沙滩上。突然,一场猛烈的暴风雪来了。幸运的是,因为赶着回家找我的丈夫,我幸免于难。接下来,我就帮他在报纸的广告栏里寻找适合的工作。"这位病人自己就能解释这个梦。梦境清楚地表明了她想要与丈夫和谐相处的意愿。刚开始的时候,她对他满心仇恨,喋喋不休地抱怨他的软弱,说他没有进取心,以致无法改善家庭的生活状况。而这个梦的含义是:"与其孤零零地置身危险之中,还是和丈夫在一起更好。"虽然我们能够赞同病人自己的结论,但在与丈夫和解、维系婚姻的背后,隐约能够看到那些焦虑的亲戚常常给出的建议的影子。独处的危险被过分强调了,她还没有准备好与丈夫建立起勇敢而独立的合作关系。

一名十岁的男孩被带到诊所来。学校老师说他对同学很恶劣。他在学校里偷东西,把偷来的东西放到其他男孩的课桌里,以此来诬陷他们。只有在一个孩子觉得有必要羞辱他人时才会出现这样的行为,他认为这就能证明卑劣恶毒的是其他人而不是自己。如果这就是他所采取的方式,那么我们能够猜测,这一定是从他的家庭里学来的,在家中一定有某个人是他想要令其感到内疚的。这名十岁男孩在大街上朝一名孕妇扔石头,顺理成章地惹上了麻烦。在他这样的年纪,有可能已经明白了怀孕的意义。我们怀疑他并不喜欢这件事,同时我们还必须意识到,一个小弟弟或小妹妹的降生一定会让他不高兴。在老师的报告中,他被称为"害群之马"——骚扰其他孩子,出口伤人,搬弄是非,还会追打小女孩们。这表明在家中很可能是有一个妹妹在与他竞争。

我们后来得知,他是家中的长子,有个四岁大的妹妹。他的母亲说他很爱妹妹，一直对她很好。这很难说服我们——像他这样的男孩是不可能爱他的妹妹的。稍后我们就能看到，这个判断是正确的。这位母亲同样声称自己与丈夫的关系十分好。对这孩子来说这可算不上好消息。当然，既然父母不是造成他的任何问题的原因，那么一切就都只能是源自他的不太好的天性了，他的坏是天生的，或许与某位遥远的先祖有关。

在病例研究中，我们常常遇到这种理想的婚姻，可是如此完美的父母却有个如此糟糕的孩子！老师、心理医生、律师和法官都是这些不幸的见证者。事实上，这些所谓的"理想"婚姻可能对孩子造成非常严重的问题：他可能因为看到母亲全心全意地爱着父亲而生气。他想要吸引母亲的全部关注，讨厌母亲对任何其他人表现出喜爱之情。如果快乐的婚姻对孩子来说是糟糕的，那么不快乐的婚姻会更糟吗？不管答案如何，关键是，我们究竟该怎么办。首先得让孩子学会合作。我们得避免让孩子只偏向父母中的某一方。案例中的这名男孩是个被宠坏了的孩子，他想要继续得到母亲的关注，因此只要感觉没有得到足够的关爱，他就会故意制造出各种麻烦。

在这里，我们的猜测很快得到了再一次证实。母亲从来没有亲自惩罚过这个孩子，她总是等到孩子的父亲回到家后让他来执行惩罚。她或许觉得自己太软弱了，认为只有男人才能发号施令，才有足够的力量去执行惩罚。也可能，她想要和儿子保持亲密的关系，不希望失去他的喜爱。无论哪种情况，她都是在引导男孩远离对父亲的关心，破坏孩子与父亲的合作，父子之间的摩擦就此产生。我们听说，孩子的父亲十分爱他的妻子和家庭，但就因为这个儿子，他甚至害怕在下班后回到家中。他会非常严厉地处罚儿子，常常打他。我们被告知，男孩并没有不喜欢他的父亲。这同样是不可能的——这名男孩并不迟钝。他只是已经学会了非常熟练地隐藏起自己的感受。

他爱他的妹妹，但却无法好好和她玩，反而常常踢她，打她的耳光。他睡在餐厅的一张沙发床上，可他的妹妹却睡在父母房中的小床上。现在，如果我们能够设身处地地站在男孩的角度，将心比心地想一想，父母房中的那张小床也会惹恼我们的。我们努力代入男孩的心灵来想，来感受，来看。他想要成为母亲关注的焦点。可是在夜里，他的妹妹却比他离母亲近得多。他必须想方设法去靠近母亲。这名男孩的身体很健康，出生时一切正常，母乳哺育了七个月。可是在第一次用奶瓶喝奶时却吐了，这样的情况一再上演，直到他满三岁以后。他的肠胃很可能不太好。如今他饮食正常，营养充足，但却仍旧关注着自己的胃。这被他看作自己的一个弱点。现在，我们稍稍能明白为什么他要向一名孕妇掷石头了。他非常挑食，如果他不喜欢面前的食物，母亲就会给他钱，让他出去买一些自己想吃的东西。可是他却四处乱逛，对邻居说父母没给他吃饱。这样的把戏他已经玩得炉火纯青。这就是他的方式——通过诋毁别人来获取优越感。

现在，我们能够读懂他在诊所里提到过的一个梦了。"我是一名西部牛仔，"他说，"他们把我送到了墨西哥，我必须靠自己一路杀回美国。当一个墨西哥人来拦截我的时候，我狠狠地踹到了他的胃。"这个梦所传达的感觉是："我深陷重围，四面楚歌，必须奋起战斗。"在美国，牛仔往往被看成是英雄人物。而这名男孩就是将追打小女孩或是踢别人的胃视为英雄行为。我们已经注意到，在他的生活中，"胃"扮演了一个重要的角色，在他的心目中，这是最容易受到攻击的地方。他自己的胃不好，他的父亲也常常抱怨自己的神经性胃炎。在这个家庭中，胃的地位已经被上升到举足轻重的位置了。这个男孩的目的就是要攻击人们最柔弱的地方。

他的梦和行为体现出了完全一致的生活方式。他生活在梦幻之中，如果我们不设法唤醒他，他还将继续这样生活下去。他将不仅仅与他的父亲、他的妹妹、其他小孩子特别是女孩战斗，还要和试图阻止他战斗的医生战斗。他的梦将激励他坚持下去，去当一个英雄，战胜其他人。除非他能认识到自己是受到了怎样的自我愚弄，否则任何治疗都无济于事。

在诊所里，我们向他解释了他的梦：他觉得自己身处于敌人的地盘上，每个人都想要惩罚他，想要把他留在墨西哥——他们都是他的敌人。等到下一次他再来诊所的时候，我们问他："我们上次见面之后，发生了什么？"

"我是一个坏男孩。"他回答道。

"你做了什么？"

"我追赶一个小姑娘了。"

这绝不是认错，而是一种自夸和挑衅。这里是诊所，这里的人们都想让他变好，可他仍旧坚持当一个坏男孩。他是在说："别指望有任何进步。我也会踢你们的胃的。"我们还能为他做些什么呢？他仍旧在做梦，仍旧在扮演着一位英雄。我们必须减弱他从扮演的角色中所获得的满足感。

"你真的相信你的英雄会去追赶一个小姑娘吗？"我们问他，"这种英雄行为难道不会太可怜了吗？如果你想成为一个英雄，那就应该去追赶一个强壮的大女孩。也可能，你根本就不该去追赶女孩子。"这是治疗的一部分。我们一定要打开他的眼界，让他不再那样热衷于继续自己现有的生活方式。正如古老的德国谚语所说的，我们必须"往他的汤里吐口水"。在这之后，他就会不再喜欢自己的这碗汤了。治疗的另一部分是为他注入合作的勇气，使其能够以一种有益于社会的方式来寻找到自己的重要性。若不是害怕在社会生活中失败,人们就不会选择反社会的行为方式。

有一个案例,一名二十四岁的女子,独自居住,从事文秘工作。她抱怨她的老板专横跋扈,傲慢无礼,令人难以忍受。除此之外,她在交朋友和维系友谊上也缺乏信心。经验告诉我们,如果一个人无法留住朋友,那多半都是由于他想要的是控制他人。事实上,他们只关心自己,而他们的目标就是炫耀个人的优越。这名女子的老板大概就是这种类型的人。他们都想要支配别人。当两个这样的人碰到一起时,必定会出现问题。而这名女子是家中七个孩子里最小的一个,是全家人的宠儿。她有个昵称叫"汤姆",因为她总希望自己是个男孩。这更让我们怀疑她为自己定下的优越目标就是控制其他人;也许她认为变成男性就意味着成为主宰者,就可以操控他人,而不为他人所操控。

她是个漂亮的姑娘,却总觉得人们都只不过是因为她好看的容貌才喜欢她,因此很害怕变丑或受伤。有魅力的人在我们的社会中更容易被人们记住,也更容易支配他人,这位姑娘就很明白这一点。可她还是想要成为一名男子,以男性的方式来掌控一切。所以心底里其实不太看重自己的美丽。

她最早的记忆是关于曾被一个男人吓到的故事,而且她也承认自己至今仍旧害怕会成为窃贼或袭击者的攻击目标。这看起来有些奇怪,一个有男性化倾向的女孩竟会害怕窃贼和袭击者。但其实并不奇怪,正是她的软弱决定了她的目标。她希望能在自己熟知并掌控的环境下生活,排除一切其他情况。窃贼和袭击者恰恰是不可控的,因此她更乐意将他们统统消灭。她想要轻轻松松地变成一个男性化的人,这样,就算不幸失败了,也总算是有个过得去的保护伞。我将这种对于女性角色的深刻不满称为"男性钦羡"(masculine protest),它的出现总是伴随着一种紧张感:"我是一个正在为身为女性的种种不利而努力抗争的人。"

让我们看看，是否能在她的梦中找到同样的感觉。她常常梦到被独自留下来，而她却曾是一个备受宠爱的孩子。这些梦表达的是："我必须被照顾。把我一个人留下来是不安全的，有人会来攻击我或是制服我。"另一个她同样经常做的梦是丢失了钱包。"小心，"其实她是在说，"你有失去东西的危险。"她不希望失去任何东西，特别是不愿失去操纵他人的能力。丢失钱包是生活中的一个小插曲，而她却选择它来代表整个生活。现在，我们有了另一个证据，能够证明梦是如何通过诱发感觉来巩固人们的生活方式的。她并没有丢过钱包，却梦到自己丢了，这种感觉被保留了下来。

长一些的梦能够帮助我们更清楚地了解她的态度。"我去了一个游泳池，那里人很多。"她说，"有人注意到我站在人们的头顶上。似乎就因为这样，有人尖叫起来。我很可能因此摔下来，情况非常危险。"如果我是一位雕刻家，就会用这样的方式来为她塑像，站在别人的头顶上，把别人当作脚下的踏板。这便是她的生活方式，这些便是她想要唤起的感觉。无论如何，她认识到自己所处的位置是危险的，却认为其他人也都应该意识到她的危险，这些人应该要照看好她，要照顾她，这样她就能继续站在他们的头顶上了！她不觉得在水里游泳会是安全的。这就是她的生活故事的全貌。"虽然生为女孩，但还是要当个男人"，这成了她的精神目标。这位女孩野心十足，就像大多数排行老幺的孩子一样，但她想要的其实只是"看上去出色"，而不是对所处的环境做出恰如其分的应对，此外，她还始终不能摆脱对失败的恐惧。如果我们想要帮助她，就必须找到一种方式，让她与自己的女性角色和谐共处，同时消除她对异性的高估和恐惧，帮助她感受到身边众人的友善，学会平等待人。

另一位女孩的故事是，弟弟在她十三岁那年因为一次意外夭亡了。她提到了自己最早的记忆："在我弟弟还是个刚刚开始学走路的小宝宝的时候，他抓住一把椅子想站起来，可是椅子倒了，压在他的身上。"除此之外还有另一次意外。我们可以从中看出，她对世界上的危险怀着深深的恐惧。她说："我最常做的梦很奇怪。我常常走在一条街上，那里有一个洞，可我没看到。走着走着，我就掉进了洞里。洞里充满了水，我一碰到水就吓得惊醒过来，心跳得非常非常快。"

在我们看来，这个梦并不像她自己所说的那样奇怪。但她如果继续用这个梦来吓自己，那一定还会认为它是神秘莫测的，无法理解。这个梦在对她说："小心，世界上有许多未知的危险。"但这个梦所透露给我们的信息还不止于此。如果你已经处于下方，那就不可能再跌落。如果她有跌落的危险，那她一定认为自己是处于众人之上的。就像在后一个例子中，她的意思其实是："我是出众的，但一定要小心不要掉下去。"

在另一个案例中，我们应该能够看到，同样的生活方式是否能够在第一个记忆和梦中起到作用。一名女孩告诉我们："我记得自己非常喜欢看人修建房屋。"我们可以据此猜测她是个合作型的人。因为一个小女孩是不可能亲自参与修建房屋的工作的，但从她的兴趣看来，她会很乐于与他人共同分担工作。"我是个小家伙，正站在一扇非常高的窗户前，对我来说，那些玻璃窗格的样子还很清楚，就像昨天刚刚看到的一样。"如果她能够注意到窗户很高大，那么她必定已经具备了对高大和矮小这一组相对概念的认识。她的意思是："窗户很大，而我很小。"如果最终发现她是个身材娇小的姑娘，我一点儿都不会感到奇怪。有关大与小的比较才是真正吸引她的东西。她说自己的记忆清晰如昨日应该只是一种吹嘘。

现在就让我们来看看她的梦吧。"好几个人和我一起坐在车里。"正如我们推测的,她擅长合作,喜欢和别人待在一起。"我们一直开到一片树林前面才停下来。每个人都下车跑进了树林里。他们中大部分人都比我个子大。"她再一次留意到了个头的差异。"但我努力及时赶到,和大家一起上了一部电梯。电梯向下开进了一个大约十英尺深的矿井里。我们都觉得,要是走出去一定会瓦斯中毒的。"现在她描绘出了一个危险情况。大多数人都会害怕某些确定的危险,要知道人类并非勇敢的生物。可是她的梦还有下文。"后来,我们走了出去,全都安然无恙。"在这里,你可以看到乐观的精神。如果一个人是乐于合作的,他们通常都会勇敢、乐观。"我们在那里待了一分钟,然后回到地面,赶快跑回了车里。"我深信这名女孩一直都是乐于合作的,但始终有个念头困扰着她——她总觉得自己如果能再高大一些就好了。在这里我们应该能看出一些紧张感,就好像能看到她踮起脚的模样一般。好在她喜欢与人交往,对分享成就很感兴趣,这能消解掉许多紧张感。

# 第六章
家庭的影响

在家庭生活的所有行为中,最不需要的就是权威的存在
家庭中不应存在统治,任何可能导致不平等感的事情都应当被避免

母亲的角色

从出生的那一刻起，小婴儿便与他们的母亲紧紧联系在了一起。这是他们所有行为的目的。在若干个月里，母亲都扮演着婴儿生命中最重要的角色，他们几乎完全依赖于母亲。在这种情况下，合作的能力第一次得到发展。母亲是最早与孩子们发生联系的"其他人"，是他们在自身之外第一次开始关注的"别人"。她同时也是孩子们走向社会生活的第一座桥梁。一名与母亲完全失去联系的婴儿，就算有其他人替代了母亲的位置，也难免凋萎。

事实上，这种联系非常亲密，而且影响深远，在以后的若干年月中，我们将再也无法分辨出究竟哪些特征是来自遗传的影响了。每一种来自遗传的倾向都会经过母亲的调整、训练、教育和改造。她的技巧——抑或是缺乏技巧——都会影响到孩子的潜能。所谓母亲的技巧，我们指的只是她与自己孩子合作，以及说服孩子与自己合作的能力。这种能力无法被当成一套现成的规则来加以传授。每天都有新的情况出现。在孩子的需求方面，有许许多多需要母亲关注和理解的地方。只要关心自己的孩子，全心全意地想要赢得孩子的喜爱，并且尽全力保护孩子的利益，母亲自然就能学会这些技巧。

从母亲的一言一行中我们就能够看出她的态度。当她抱起孩子时，抱着孩子走动时，对他说话时，为他洗澡或喂食时，她随时随地都有与孩子建立起亲密联系的机会。如果一位母亲对于自己的职责很不在行，或是压根儿就不感兴趣，她就会显得笨手笨脚，而孩子则不得不对此忍耐。如果母亲从未学会如何为一个婴儿洗澡，那孩子就会将洗澡当作是不愉快的事情。与对母亲的依恋相反，他会尽力逃离她的身边。母亲必须能够很熟练地哄孩子入睡，她的一举一动，她发出的任何声响，都是有技巧的。无论是看顾着孩子，还是让他们单独待着，她也得有熟练的技巧。她必须周详地考虑孩子所处的整体环境——新鲜空气、房间的温度、营养、睡眠时间、生理习惯和卫生情况，等等。每时每刻，她都有可能让孩子喜欢或不喜欢她，愿意与她合作，或是抗拒这种合作。

为母之道的技巧中并没有特别的诀窍可言。一切技巧都来自兴趣与练习。为母之道的准备在生命的很早就开始了。最初，从一名小女孩对待更小的孩子的态度上就能看出这一点，她喜欢小婴儿，对未来的使命有天然的兴趣。我们并不建议对男孩和女孩简单地一视同仁，让他们接受毫无二致的教育，好像他们将来会承担起同样的职责一样。如果我们希望有技巧熟练的母亲，那么就应该培养女孩子的母性，让她们对成为母亲产生期待，将扮演母亲这一角色视为一种创造性的行为，而不是在那一天到来时满心沮丧，感到失望。

不幸的是，西方文明并未给母亲的地位以足够的尊重。如果人们重男轻女，如果男人在社会中的地位天生高于女性，女孩们自然也就不会喜欢自己未来将要扮演的角色。没有人会对身处从属地位感到满足。当这样的女孩结婚并且面临孕育孩子的问题时，她们总会以这样那样的方式来表达自己的抗拒。她们不愿意，或是还没有准备好要养育孩子。对于这件事，她们既不期待，也没有将之视为一种充满乐趣的创造性工作。

这或许是我们社会中最严重的问题，却很少有人正视它。整个人类社会都维系在女性对于成为母亲这一角色所抱有的态度上。然而，几乎在全世界各个地方，女性在生活中的地位都遭到贬低，乃至于女性本身也都被当作次一等的角色来对待。我们甚至能发现，早在童年阶段男孩子们就将家务活儿看作是仆人的工作，认为哪怕是搭把手都会损害他们的尊严。人们总是不把操持家务、照顾家庭看成是女人的贡献，而认为这是她们理应承担的苦役。

如果一名女性能够真正将家务活儿和持家视为一门艺术，对其满怀兴趣，认为通过这些工作她也能够点亮并丰富其他人的生活，那么她就能使它成为毫不逊色于世界上任何其他职业的一份工作。反之，如果人们认为操持家庭对于一个男人来说是太过低下的工作，那么有女性会抗拒这份工作又有什么值得奇怪的呢？她们自然会对其感到厌恶，努力设法证明一个本应是显而易见、理所应当的事实，那就是，女人和男人是平等的，同样有权享有相等的回报，获得同等的个人潜能发展机会。然而，潜能要得到全面发展便只能借助于社会情感，社会情感会指引女性找到正确的前进方向，确保在个人发展的道路上没有任何外在限制或约束的阻挠。

一旦女性角色遭到贬抑，那么一切婚姻生活的融洽和谐就遭到了破坏。若是觉得照看孩子是一份卑微低下的工作，那么任何女人都无法全身心地投入其中，发展出良好的技能，给予关怀、理解和同情，而这些恰恰是一个孩子在生命最初阶段里最需要的。一位对自己的角色感到不满的女性，其生活目标一定会阻碍她与自己的孩子产生紧密的联系。她的生活目标与其他女性不同，常常会专注于争取她个人的优越感。从这一点出发，她自然就会将孩子看成是碍手碍脚、惹人烦心的累赘。如果我们探究一些失败生活的案例，通常都能够发现其根源正在于母亲没能充分履行她的职责，她没能为孩子提供一个好的开始。如果母亲失败了，如果她们对于自己的天职不满意，对其缺乏足够的兴趣，那么整个人类都会陷入危机之中。

但我们绝不能说失败的母亲就是罪魁祸首。这之中并没有罪过可言。或许这位母亲本身就没有得到过很好的合作训练。或许她在婚姻生活中郁郁寡欢。她可能正在为自己的处境而困扰，满怀忧虑，甚至可能正被绝望无助的感觉所笼罩。在经营优质的家庭生活的道路上存在着太多障碍。一位生病的母亲或许满心希望能够与孩子合作，但却在回到家中时就已经筋疲力尽。如果家庭的经济状况很糟糕，那么孩子可能就无法得到合适的食物、衣服和住所。此外，能够决定孩子行为的并非他们的经历，而是他们从经历中得出的结论。当我们探究问题儿童的背景时，常常发现他们与母亲的相处存在困难。可是我们也常常能够在其他孩子身上看到同样的问题，只是他们处理得更好。在此，我们不妨回顾一下个体心理学的基本观点：性格的发展没有一定之因，但是孩子们能够利用个人的经验达到自己的目标，并将它们转化为世界观的成因。例如，我们不能说营养不良的孩子就会成为罪犯。必须要看他们从各自的经历中得出的是怎样的结论。

但无论如何，很明显的一点是，如果一位女性对于自己身为母亲的角色不满，那么她和她的孩子都将遇到麻烦，承受压力。但众所周知，母性的本能是如此强大。研究已经证实，母亲保护自己孩子的倾向比任何其他倾向都强。就算是在动物——在老鼠和猿类中——母性的本能也胜过了性或饥饿的驱动力，所以，如果它们必须在上述几种驱动力中做出取舍，母性的本能总是占据上风的。

这种努力的基础不是性。它来源于"合作"这一目标。母亲常常将孩子看作自身的一部分，通过孩子，她与生活的整体联系了起来。她会觉得自己仿佛拥有了掌控生死的力量。我们发现，每一位母亲或多或少都能感觉到，通过养育孩子，她是真真切切地创造出了某件作品。我们还可以说，她甚至觉得自己就像上帝造人一样在创造着生命——从无到有，点滴成型。母性的渴望其实是人类追求优越感的一个侧面，是人类力图贴近神的渴望的一种体现。这为我们提供了一个再有力不过的例证，足以说明优越目标是如何为人类的利益而服务的，而通过最深的社会情感，人们又是怎样将兴趣投注在他人身上的。

当然，任何一位母亲都有可能觉得孩子是部分的自己，并将这一感觉放大，从而逼迫孩子为她自己的个人优越目标而服务。她也许会让孩子完全依赖于她，控制他们的生活，以此来将他们绑在自己身边。就让我举一位七十岁的农妇为例吧。她的儿子在五十岁时还和她生活在一起。孰料母子俩同时染上了肺炎。最终，母亲活了下来，儿子却在送医之后不幸死亡了。当这位母亲谈及儿子的死亡时，她说："我就知道，我没法把这孩子好好带大。"她觉得自己应该为孩子的整个人生负责。她从未尝试放手，让儿子成为一个真正的社会人。从这个例子中，我们能够初步领会到，如果一位母亲不能将她与孩子之间建立起的联系扩展开去，引导他们平等地与身边的环境建立合作，那将是多么严重的错误。

母亲这一角色与外界的联系并不单纯，即便是她与亲生子女的联系也绝不应当被过分强调。这不但是为了孩子好，同样有益于母亲本身。如果过分强调某一个问题而忽略了其他所有问题，结果就是，连这个被赋予了太多重要性的焦点问题也不能得到有效的处理。身为一位母亲，她不但会与儿女发生联系，而且与她的丈夫乃至她身处的整个社会都有联系。这三种联系必须得到同等的重视，无论哪一种关系都需要她冷静对待，善用常识。如果一位母亲只关心她与子女的关系，就难免宠溺纵容孩子。她将很难引导孩子发展其独立性和与他人合作的能力。当母亲成功建立起与孩子的关系之后，下一个任务就应当是要扩展这种关系，引导孩子对包括父亲在内的其他人产生兴趣。如果母亲本身就不关心父亲，那这几乎就是一个不可能完成的任务了。此外，她还必须将孩子的兴趣引向他们生活的社会环境中去：包括兄弟姐妹、朋友、亲戚和平常的众人。因此母亲的任务是双重的：她必须成为孩子们可信赖的第一个人，同时也必须做好准备，引导这种信任和友善扩散开去，直至整个人类社会。

如果母亲只关心孩子对她自己的兴趣，往后孩子便会厌恶一切想要引导他们关注其他人的尝试。他们将永远离不开母亲的支持，对任何他们认为可能分散母亲注意力的人心怀敌意。母亲对丈夫或家中其他孩子表现出的任何兴趣都会让他们觉得自己的利益受到了损害，在他心中会形成一个观念："我的妈妈是属于我的，不是任何其他人的。"

现代心理学者在很大程度上都误解了这一情形。比如弗洛伊德理论中有关俄狄浦斯情结的阐述，它是假设儿子有了爱上母亲的倾向，希望与母亲结婚，进而憎恨甚至于产生想要杀死父亲的念头。如果我们真正理解了孩子的成长，就绝不会犯下这样的错误。只有在那些一心要占据母亲全部关注，同时摆脱其他人的孩子身上，才会赤裸裸地出现俄狄浦斯情结。这种欲望无关乎性，而只是想要让母亲从属于自己，完完全全地掌控她，让她成为自己的仆人。这样的情况只会出现在那些备受母亲宠溺的孩子身上，他们从没有将世界上的任何其他人视为同类。在一些孤独症的病例中，男孩们永远只和他们的妈妈发生联系，无论在恋爱还是婚姻的问题上，也将母亲作为核心的考量。可是这种态度就意味着，除了母亲，他们无法与其他人合作。没有任何其他女人能够像母亲那样值得信赖，会对他百依百顺。因此，俄狄浦斯情结完全是由于错误地教养而生成的人造产物。我们没有任何理由来推断说这种问题的存在是源自近亲婚配的遗传，或是想象这种异常的根源在于性欲。

当被母亲紧紧绑在身边的孩子们置身于另一个无法与母亲保持亲密联系的环境时，往往就会出现问题。比方说，在他们上学或是在公园里与其他孩子一起玩耍时，他们的目标仍旧还是想要亲近母亲。只要与母亲稍有分离，他们便会心生埋怨。他们希望永远把母亲拖在自己身边，占据她们的全部心思，让母亲永远关注自己。他们有许多办法来达到目的。他们可以成为妈妈的心肝宝贝，一直娇小柔弱，会撒娇，需要抚慰。每当事情不如意时，他们就哭泣甚至生病，以此显示他们还是需要被照顾的。另一方面，他们也可能脾气不好，常常和母亲闹别扭、发生争执，但目的同样是赢得关注。我们在问题儿童之中看到了各种各样被宠坏的孩子，他们竭尽全力要抓住妈妈的注意力，同时抗拒外部大环境所提出的一切要求。

想当然地以为只要将孩子们带离母亲身边，交给护士或是相关机构，就能够纠正母亲们犯下的错误，这显然是无稽之谈。无论何时，如果我们想要找到一个母亲的替代者，就等于是在寻找某个可以承担起母亲的职责的人——她得像个真正的母亲一样让孩子对自己感兴趣。相比之下，训练孩子的亲生母亲来做到这一点要容易得多了。在孤儿院长大的孩子常常表现得对他人漠不关心，这正是因为从来没有人成为过他们和他们的人类同伴之间的桥梁。

有人曾经对孤儿院里成长得不尽如人意的孩子们进行研究。一名护士或嬷嬷被指派为这些孩子提供特别照顾，也可能让他们被某个家庭收养，在那里有一位母亲能够像照顾自己的孩子一样照顾他们。结果常常会有很大的进展，而提供一个养母则是最好的选择。抚养这些孩子的最好办法是为他们找到父母的替代者，令其得以享受正常的家庭生活。如果我们把孩子从父母身边带走,那接下来需要做的就是为他们找到足以替代其父母的人。许多出现问题的儿童都是孤儿、非婚生子、意外生子或离婚家庭的孩子,从这一事实之中也能够看出母亲的情感和关注的重要性。

众所周知,继母不好当,失去了亲生母亲的孩子常常会与她们对抗。但问题并非不能解决的,我也曾经看到过许多非常成功的继母。只是太多时候继母都没有真正明白情况究竟是怎样的。一种可能的情况是,孩子在失去母亲后转而寻求父亲的关怀,并且得到了他的宠溺。而当父亲再婚时,他觉得父亲的宠爱被瓜分了,于是攻击继母。而继母如果觉得自己必须反击,那孩子就真的委屈了。她挑战了他们,于是他们奋起反抗。任何与孩子对抗的战斗终究都会是一场失败的战斗:他们永远不会被打败,也不会因为被战胜而与对手合作。在这些斗争中,最弱小的往往都是最后的胜利者。他们会拒绝提供被要求的东西,这样的方式注定难有收获。如果我们意识到合作与爱是永远无法靠力量强行获取的,想必这个世界上的紧张压力和无用功就会大大减少了。

父亲的角色

父亲在家庭生活中所扮演的角色与母亲同样重要。刚开始,他与孩子们的关系相对没有那么亲密。而稍后,等到他的影响力渐渐开始显现时,情况就会改变了。假如母亲不能成功将孩子的兴趣扩展到包括父亲在内的他人身上,其危害我们已经说到了一些。孩子在社会兴趣的发展中将遇到一系列的阻碍。如果父母的婚姻不愉快,那对孩子来说就是危机重重。他们的母亲可能会觉得无法将孩子父亲纳入到家庭生活之中，她可能希望孩子能够完全属于自己一个人。更有甚者，父母双方有可能都把孩子当成他们私人战争中的武器。两人都想把孩子紧紧绑在自己身边，让孩子爱自己胜过爱对方。

如果孩子看见了父母之间的分歧，他们就会很熟练地利用这些分歧来挑起两人之间的争夺。这样，一场关于谁更能掌控孩子或更宠爱孩子的竞争即将展开。在这样的氛围中是不可能为孩子培养出合作精神的。儿童最初看到的他人合作便是父母的合作，如果他们本身的合作就很薄弱，自然不能指望他们能教导孩子学会合作。除此之外，从父母的婚姻中，孩子获得了他们对于婚姻和性伴侣的第一印象。生活在不愉快婚姻之下的孩子在成长过程中将始终对婚姻抱持悲观态度，除非他们的最初印象能够在后来得到纠正。即使是在成年以后，他们也会觉得婚姻是注定要带来不幸的。他们会极力回避异性，要不就觉得自己对异性的追求绝无成功的可能。如果父母的婚姻既非社会生活中的合作部分，又非社会生活的产物，也没能为社会生活做好准备，那么，孩子就会出现严重障碍。婚姻应当是两人合作无间的经营，谋求两者的共同利益，为孩子谋福利，同时为社会创造利益。哪怕其中的任何一个方面失败了，都将无法满足生活的要求。

由于婚姻是平等的合作关系，所以没有哪一方应该凌驾于另一方之上。这一点应当值得更深入的探讨，而不是满足于我们已经习惯的状态。在家庭生活的所有行为中，最不需要的就是权威的存在，如果家庭中某一位成员特别重要，或是被认为其价值远远大于其他家庭成员，那就太不幸了。如果父亲脾气暴躁，试图掌控家庭中的其他成员，那么他的儿子对于男人的概念就会有所偏差。而他的女儿则会更加痛苦。在未来的生活中，她们都会将男人看成暴君。对她们来说，婚姻就意味着某种屈从和奴役。有时，当成年以后，她们还可能发展出对同性的兴趣，以此来寻求自我保护，对抗男性。

如果母亲专横跋扈，总是对家人唠唠叨叨，那一切就会反过来。女孩们会模仿她，自己也变得尖刻挑剔。而男孩们则总是处于防守状态，害怕遭到批评，时时警惕以防被操纵。有时不只母亲专横，姐妹和阿姨们也会加入进来，让男孩安守本分。他会变得保守畏缩，毫无前进或加入社会生活的意愿。他会担心所有的女人都是这样蛮横、吹毛求疵，因此干脆就竭力对所有异性一概敬而远之。没有人喜欢被批评，但如果一个人将避免遭到批评作为他在生活中的主要兴趣，那么他与社会的所有关系就会受到影响。看待任何一件事、任何一个判断，他就免不了要想："我是征服者，还是被征服了？"他们将与他人之间的一切关系都放在可能的胜负位置上来考量，对这样的人而言，绝无建立伙伴关系的可能。

一位父亲的职责可以概括为几句话。他必须证明，自己是妻子的好伴侣，是孩子的好伙伴，也是社会的好成员。他必须妥善处理生活中的三大问题——工作、友谊和爱情，还必须在照顾和保护家庭时与妻子平等合作。他不应忘记，女性在家庭生活中的地位是不容贬抑的。贬低母亲的地位并非他应该做的，相反，他应当与妻子相互配合。需要特别强调的一个重点在于，即便父亲是家庭的主要经济支柱，这也是夫妻共同的收获。他绝不可摆出一副施予者的模样，把家庭中所有其他人都变成接受者。对于和谐的婚姻来说，真相是，他去赚钱只不过是家庭劳动分工的结果。许多父亲利用他们的经济地位来作为统治家庭的理由。家庭中不应存在统治，任何可能导致不平等感的事情都应当被避免。

每一位父亲都应该明白，我们当前的文化已经过度强调了男人的优势地位，结果就是，当他与妻子结婚时，她很可能已经怀着某种程度的担忧，害怕自己被操控而处于劣势。他应当知道，哪怕妻子因为身为女性，或许无法像他那样赚钱养家，也不能代表妻子有丝毫逊色于他。如果家庭生活是真正和谐平等的，那么无论妻子是否对家庭经济收入有所贡献，都不会存在谁赚了钱、钱属于谁这一类的问题。

父亲对于孩子的影响非常重要，许多孩子终其一生都把父亲视为他们的偶像或最大的对手。惩罚，尤其是体罚，总是会对孩子造成伤害。任何无法以友善方式进行的教育都是错误的教育。不幸的是，父亲常常是家庭中承担起惩罚职责的那一个人。之所以说这是不幸的，理由不止一个。首先，它显示了一种判断，那就是母亲认为女人无法真正完成培养孩子的工作，她们是软弱的，需要一只强有力的胳膊来帮助她们。如果一位母亲告诉她的孩子"等你爸爸回来再说"，那她无疑正是在培养孩子形成一种观点，引导他们将男人视为生活中的终极权威和真正有力量的人。其次，这会破坏孩子与父亲之间的关系，让孩子害怕父亲，而非将他看成一个好朋友。或许有的女性不愿亲自对孩子施加惩罚，唯恐失去孩子的喜爱，但将惩罚之责推给父亲也并非解决之道。如果母亲是那个为孩子招来惩罚者的人，孩子对她的怨恨并不会减少分毫。在孩子调皮捣蛋时，许多女性还在用"告诉你爸爸"来作为威胁。想象一下，孩子们会从中对男性在生活中的权威得出怎样的结论呢？

如果父亲能够有效地处理好生活中的三大问题，他就会成为家庭中的完整一份子，成为一个好丈夫和好父亲。他在与人相处时必定轻松自如，能够交到朋友。在交友时，他已经将家庭带入了更广泛的社会生活之中。他不会闭目塞听、墨守成规。家庭小圈子之外的影响能够渗入家庭之中，而他也将向孩子们展示如何发展社会兴趣，如何合作。

然而，如果丈夫和妻子的朋友圈截然不同，那也会催生出真正的危险。他们应当生活在同一个社会群体之中，以免因不同的朋友而分道扬镳。当然，我并不是说他们必须形影不离，绝不能有私人空间，而是说，在夫妻之间应当不存在障碍。举个例子，如果丈夫不愿意将妻子介绍给自己的朋友，那么就有问题了。在这种情况下，丈夫的社会生活的中心就在家庭之外。在孩子们的成长过程中让他们明白，家庭是大社会中的一个组成单位，在家庭之外还有许多值得信赖的人，这是非常重要的。

如果父亲与他自己的父母、姐妹和兄弟相处融洽，这便是他拥有良好合作能力的有力证据。当然，他一定得是离开家庭独立生活的，但这绝不意味着他应该不爱自己的至亲，甚至与他们决裂。有时，两个人会在尚未独立的时候就结婚，将两人之间的关联扩展到两个家庭之间。当他们谈到"家"这个词时，他们指的是自己父母的家。如果他们仍旧将各自的父母看成家庭生活的中心，那么就无法建立起真正属于自己的家庭。这是一个与相关各人的合作能力都有关的问题。

有时，男人的双亲会妒忌。他们想要知道在他们儿子的生活中发生的任何细枝末节，以至于给那个新的小家庭带来了麻烦。他的妻子会觉得自己没有受到足够的尊重，同时为公婆的干预而恼怒不已。这种情况特别常见于男子父母所不赞同的婚姻之中。丈夫的父母可能有错，也可能没有。如果不满意，他们可以在儿子结婚前反对他的选择，但在儿子婚后，他们便只有一条路可以走，那就是尽其所能促成儿子婚姻的圆满。如果家庭矛盾不可避免，丈夫就应当清楚困难的存在，但也不必为之过分烦心。他应当将父母的反对看作是他们的错误，然后努力证明自己——他们的儿子——才是对的。小夫妻不必屈从于父母的期望，但很明显，如果双方能够达成合作，妻子能够感受到公婆实际上是为了她好，而不是为了老人自己的利益，那一切都会容易得多了。

一位父亲最受人期待的地方就是解决工作的问题。他一定要受过职业训练，可以养活自己和家人。或许他的妻子能够有所帮助，又或许孩子长大后也能搭把手，但在西方文化的传统里，家庭经济的责任主要都是由父亲承担的。要解决这个问题，他必须努力工作，勇于进取，他得精通自己的专业，明白个人的优势与劣势之所在，此外还要能够与他专业领域内的其他人合作，对他们负责。

其中的意义还不止于此。通过自己的工作态度，他为孩子们树立了榜样，告诉他们应该如何面对工作问题。因此，他还应当通过实践探索，就自己而言，要成功解决这一问题，必不可少的是什么——换言之，就是找到一份既有益于人类，而他又能在其中有所贡献的工作。他自己是否认为这份工作有益并不么重要；重要的是，他的工作本身应当是切实有用的。我们不用听他自己的说法。如果他夸夸其谈、自高自大，那很遗憾；但如果他所做的工作的确是对大众利益有贡献的，那也就无伤大雅了。

现在，让我们来看看有关爱的问题的解决方案吧——它与婚姻以及建立快乐有益的家庭生活息息相关。对于丈夫来说，最重要的要求就是，他应当关爱自己的妻子。一个人是否关心其他人是很容易看出来的。如果他爱自己的妻子，就会对妻子喜爱的东西产生同样的兴趣，并且自然地将妻子的幸福作为自己的追求目标。喜爱之情并非他关爱妻子的唯一证明，对我们来说，还有许多其他的感情也能成为夫妻和睦的有力证明。他必须同时还是妻子的朋友，以令妻子快乐为乐事。只有在夫妻双方都认为二人的共同幸福高于单独一个人的幸福时，真正的合作才会产生。两人对对方的兴趣都必须要高过对自身的兴趣。

丈夫不应在孩子面前过于表露对妻子的爱意。的确，夫妻之情与他们对孩子的爱本就不该相提并论。这是完全不同的感情，也不会相互干扰或是削弱。但如果父母毫无顾忌地卿卿我我，有时孩子也会觉得自己的地位受到了威胁。他们会开始嫉妒，想要在父母之间挑起矛盾。

夫妻之间的性关系不容忽视。同样重要的是，当父母在向子女解释有关性的问题时，要小心不要一厢情愿地涉及太多，只要告诉孩子他们想要知道的，同时也是在他们当前的年龄阶段里能够理解的内容，就足够了。我认为当今有一种不恰当的倾向，那就是人们告诉孩子们的远远超过他们能够理解的。这可能诱发出一些孩子还没有准备好要应对的兴趣和感觉。性可能从此就变成了一件稀松平常、无足轻重的事情。这并不比过去人们在性问题上对孩子们欺骗或是讳莫如深来得高明。最好的方式，是找出孩子们真正好奇的是什么，实事求是地为他们做出解答，而不要将我们认为是常识的东西强加给他们。我们一定要保护他们的信任感，将我们正在与他们合作的感觉延续下去，至于我们真正应当关心的，是帮助孩子找到他们问题的解决之道。如果这样做了，我们就不会有太大的偏差。

金钱不应被过分强调，也不应成为人们争夺的目标。自己没有赚钱的女性对于金钱的意识有时比她们的丈夫敏感得多，如果被指责奢侈浪费，她们很可能会觉得深受伤害。经济方面的问题应当在家庭可承受的范围内，以平等合作的方式来解决。妻子和孩子没有理由滥施影响，要求父亲支付能力以外的开支，从一开始，家庭内应当就开支问题达成一致，这样就不会有人感觉到依附于人或遭到不好的对待了。

身为一名父亲，他不应认为仅凭金钱就可以保障孩子的未来。我曾经读到过一本美国人写的有趣的小册子，在书中，他描述了一位出身贫穷的男人在发家致富之后是如何希望保护他的子孙后代免于贫困的。他找到律师，向他咨询该怎么办。律师问他要确保多少代子孙富裕才满意，这位富人回答说他希望是十代。

"是的，你能做到这一点。"律师说，"但你有没有想过，你的第十代子孙中的每一个人向上追溯起来都有超过五百位先祖，而你只是这五百人中的一员。五百个其他家庭都能宣称他是自己的后代。你还认为他是你的后人吗？"

从这里我们可以看出，无论我们为自己的子孙做什么，事实上都是在为整个社会付出。我们无法逃避与他人的联系。

家庭中无需权威，但却需要真正的合作。父亲与母亲必须通力合作，在有关孩子教育的问题上应当处处保持一致。无论父亲还是母亲，都不应表现出对某个孩子的偏爱，这一点极其重要。偏爱的危害怎么强调也不为过。孩子在童年时期出现的沮丧感，其根源几乎都在于感到有人比自己更受宠爱。有时候，这种感觉完全是没来由的，但如果父母能真正对所有孩子一视同仁，那么也就不会给这种感觉以可乘之机了。在重男轻女的环境下，女孩子会产生自卑情结几乎是确定无疑的。孩子们都是非常敏感的，就算是非常好的孩子，如果疑心其他孩子更受喜爱，也可能走上一条完全错误的生活道路。

有时候家庭中的某一个孩子成长得比兄弟姐妹更快一些，或是比其他孩子更可爱，父母往往很难不对这个孩子表现出更多的喜爱之情。但既然是为人父母，就应该具备相当的技巧与经验来避免将这种喜爱表现出来。否则，发展较好的那个孩子就可能给其他孩子带来阴影，令他们感到沮丧，接着他们就会开始嫉妒他或她，进而对自己的能力产生怀疑，最终阻碍个人合作能力的发展。作为父母，光是口头上说不偏心是不够的，还必须要谨防任何一个孩子心里萌生出这样的怀疑。

家庭的关注与忽视

孩子们总是能很快精通赢得关注的方法。比如，备受宠溺的孩子常常害怕被独自留在黑暗中。然而他们害怕的并非黑暗本身，他们是在利用这种害怕来博得母亲对自己的亲近呵护。有一个娇惯的孩子常常会在黑暗中大哭。一天夜里，当母亲听到哭声赶过来时，她问孩子："你为什么会害怕？"孩子回答："因为太黑了。"但母亲现在已经认识到了他这种行为的目的。"那我进来之后，"她说，"就没那么黑了吗？"黑暗本身并不重要，孩子对黑暗的恐惧仅仅意味着他不想与母亲分开。他的所有情感、所有力气和所有精神都专注于要创造一种情境，在这种情境下，他的母亲就不得不来照看他，再次回到他身边。他努力用哭泣、喊叫、无法入睡或其他能让自己成为一个麻烦小家伙的方式，将母亲吸引到自己身边。

有一种感觉一直吸引着教育者与心理学者的关注，那就是"害怕"。在个体心理学中，我们不再局限于寻找害怕产生的原因，而更注重探究它的目的。所有受宠爱的孩子都会害怕：透过害怕，他们能够得到关注，于是他们将这种情绪建立在了自己的生活方式中。利用它，孩子可以成功地将母亲拖在身边。胆小的孩子往往都是娇生惯养的，而且希望能够继续被娇纵。

被宠坏的孩子有时会做噩梦，在睡梦中突然大哭起来。这很常见。但只要人们还将睡眠视为清醒的相反状态，梦魇夜哭就无法被理解。但这个前提就是错误的。睡眠和清醒并非对立，而是同一事物的不同状态。孩子们在睡梦中的行为与白天如出一辙。想要改变现状以谋求自身利益的目标作用于他们的身心整体，经过一些练习和经历之后，他们找到了达成目标的终极捷径。哪怕在梦中，与个人目标相一致的思想、想象和记忆仍旧活跃在他们的大脑中。有过几次经验之后，受到宠爱的孩子就会发现，噩梦能将妈妈带回到自己身边。甚至在他们长大之后，这些蜜罐里长大的孩子仍然会继续做紧张的梦。在梦中紧张害怕是一个久经考验的好办法，可以有效赢得关注，这已经固化成了习惯。

焦虑的作用如此显著，以至于如果听到某个备受宠爱的孩子却从未在夜里有任何麻烦，我们会感到非常惊讶。要吸引注意力有许许多多的办法。有时候是睡衣不舒服，有时候是口渴了要喝水，还有时候是害怕贼、强盗或怪兽。如果父母不坐在床边，有的孩子就无法入睡。有的孩子会做梦，有的会滚下床，也有的会尿床。我曾经治疗过的一个孩子同样很受宠爱，但却从不在夜里惹麻烦。她的母亲说她睡得很香，从不做梦，不会半夜醒过来，完全没有任何问题。她只在白天惹麻烦。这让我非常吃惊。我提到了所有孩子用来吸引母亲的注意力以便让她离自己更近一些的小把戏，可是这个女孩完全没有使用它们。最后，我终于想到了一个解释。

"她睡在哪里？"我问这位母亲。

"我的床上。"她回答。

对于被宠坏的孩子来说，生病也是一个很好的保护伞。生病时，父母对他们总是比平时更纵容一些。这些孩子在生病之后不久会开始出现一些问题儿童的表现，这十分常见。乍一看，好像是生病让他们变成了问题儿童。但事实却是，在痊愈后，孩子还记得生病时父母对自己的关心和百依百顺。而当母亲不再那样宠溺他们之后，他们就用当一个问题儿童来作为报复。有时，孩子们看到父母围着其他生病的孩子团团转，便也会希望自己生病，甚至会亲吻病中的孩子，想染上和他们一样的病。

有一个曾经住院四年的女孩，医生和护士都非常宠爱她。一开始，当她回到家中时，父母也很宠她，但几周后，他们就不再那样专注在她身上了。如果总是得不到想要的东西,她就会把手指放在嘴里,说:"我住过院的。"她不断提醒别人,她曾经生过病,努力试图重建一个可以让自己随心所欲的环境。我们在成年人身上也能看到同样的行为,他们总是喜欢谈论自己曾经得过的病或动过的手术。另一种情况是,某些曾经让父母大感头疼的孩子在生病之后焕然一新,不再惹他们心烦。我们已经了解到,身体缺陷对于孩子来说是一个额外的负担,但同样,我们也能看到,这些缺陷和负担并不足以解释孩子身上的坏毛病。因此,我们猜测,无论身体上的问题痊愈与否,还有其他东西促成了这种转变。

一名男孩在家里排行第二,成天招惹麻烦,撒谎、偷窃、旷课,无所不为,态度粗鲁、桀骜不驯。他的老师不知道该拿他怎么办,建议说应该把他送到少年管教所去。就在这时,这名男孩生病了。他染上了髋关节结核病,打上石膏躺了足足六个月。等到痊愈之后,他成了家里的模范男孩。我们无法相信是他的疾病本身造成了这种影响,原因很快浮现出来,这些改变完全是由于他认识到了自己此前的错误。他一直以为父母更喜欢他的兄弟,觉得自己被放弃了。可是在生病期间,他发现自己成为家人关切的中心,每个人都照顾他、帮助他。他很聪明,因此很快将曾经认为自己被忽视的念头抛在了一边。

家庭中的手足平等

现在,我们该来讨论家庭合作中同样重要的一个部分了,那就是孩子们之间的合作。除非孩子觉得自己得到了平等的对待,否则就无法发展出良好的社会情感。如果男孩和女孩之间无法平等地看待对方，两性之间的关系就会继续表现为最大的问题。许多人会问："为什么同一个家庭里长大的孩子会有这么大的不同？"有的科学家倾向于将其解释为不同遗传基因作用的结果，但我们觉得这不过是一种迷信而已。不妨用小树苗的成长来打个比方。假设有几棵树在一起生长，但其实每一棵树所处的环境都是不同的。如果其中一棵树因为得天独厚的阳光和土壤条件而长得特别快，那么随着它的长大，对其他树苗的影响也会越来越大。它的阴影将覆盖其他树，遮挡住阳光雨水，它的根将四处延伸争夺其他树的养分。其他树木将因此而缺乏营养，不能正常生长。家庭也是一样，如果一个孩子太过突出，势必影响其他孩子的成长。

我们已经明白，无论父亲还是母亲都不应成为家庭中的统治者。通常，如果父亲特别成功或特别有天赋，孩子就会觉得他们永远无法取得可与之相媲美的成就。他们将变得怯懦，对生活缺乏兴趣。许多名人的孩子都会让父母和外界感到失望，这就是原因所在——孩子们发现自己不可能取得可与他们的父亲或母亲相匹敌的成就。因此，即使父母在各自的专业领域内非常成功，也不应将这种成功过多地带入家庭之中，否则子女的成长就会遭到抑制。

孩子之间也存在同样的问题。如果一个孩子特别出色，他们很自然就会得到较多的关注和喜爱。对于这一个孩子来说，这是愉快的，可是其他孩子会感受到待遇上的差别，心怀怨恨。要一个人毫无怨尤地忍耐被轻视的待遇是不可能的。一个杰出的孩子可能损害到其他所有孩子，在这样的情况下，如果说其他孩子都是在缺乏心灵滋养的情形下成长也并不为过。他们将无法停止对于优越感的追求，因为这种追求本身就是不可停歇的。不过，它却可能转到其他不现实、缺乏社会意义的方向上去。

家庭顺位

对于孩子在家庭中的出生顺位所带来的利弊及其相互之间的关系，个体心理学已经开辟了一片非常广阔的研究领域。从最简单的形式出发考虑这个问题，我们可以假设父母之间相处融洽，已经尽其所能去养育孩子。然而每个孩子在家庭中的地位仍能对其产生巨大影响，每个孩子的生长环境也因此而与其他孩子截然不同。我们必须重申，同一家庭中两个孩子的成长环境绝不会是一样的，而每个孩子的生活方式都将反映出他希望调整自己以适应其独特生活环境的意图。

长子女

所有长子或长女都曾有过一段独生子女的时光，却不得不在第二个孩子出生时适应突然改变的全新生活环境。第一个出生的孩子大都得到过很好的照料乃至宠爱。他们常常会习惯于成为家庭的中心。然而他们也经常是在猝不及防之下发现自己突然被拉下了宝座。另一个孩子出生了，他们不再是独一无二的了。现在，他们必须与其他对手分享父母的关爱。这样一种转变常常会带来巨大的冲击，许多问题儿童、神经官能症患者、罪犯、酗酒者和离经叛道者的麻烦就肇始于此。他们是家中的长子长女，对另一个孩子的到来印象极其深刻，随后，遭到剥夺的感觉就深深印刻在了他们的整个生活方式中。

后来出生的孩子也可能以同样的方式失去他们的地位，但感觉大多不会如此强烈。他们已经拥有了与其他孩子合作的经验。他们从来就不是被照顾和关注的唯一对象。对长子女来说，这是天翻地覆的变化。如果他们的确因为新生儿的降生而受到了忽视，我们就不能期待他们能顺顺当当地接受变化的新形势。如果他们为此而愤怒怨恨，我们也不能责备他们。当然，如果父母仍能让长子女感受到爱意，让他们知道自己的地位是稳固的，而且，最重要的是，如果他们已经在父母的引导下做好了迎接弟弟或妹妹的准备，甚至学会了怎样与新生儿相处并照顾他们，那么危机就会平平稳稳地过去，而不会带来任何的负面影响。但通常孩子们都没有准备好。新生的小宝宝也的确牵扯住了父母的大部分注意力，爱和青睐都从长子女身上被夺走了。他们会开始试图将母亲拉回自己身边，想方设法重新得到她的关注。有时我们会看见一位母亲被这样左右着，在两个孩子之间疲于奔命，这类争夺对她的影响比其他人都大得多。

最大的孩子能够更好地运用自己的能力，想出更多的点子。我们大可以想象出在这种情况下他们会采取的行动。如果我们处在他们的位置上，和他们追求着同样的目标，那么也可能做出完全一样的事情来。我们也可能让母亲很头疼，与她对抗，采取一些令她绝对无法忽视的行为。长子女们就是这样做的。结果却是，母亲的耐心被耗尽了。长子女们调动了一切可利用的资源，打了一场孤注一掷的绝望之战。母亲厌倦了他们不断制造的麻烦，接下来，他们才真正开始体会到什么是不再被爱了。他们为了争夺母亲的爱而抗争，结果却恰恰是失去了它。他们觉得被冷落了，且由于他们的行动才真的遭到了冷落。接下来，他会想要为自己辩护。"我就知道！"他们说。别人都错了，只有他们是对的。这就好像他们掉进了一个陷阱：挣扎得越厉害，他们的处境就越糟糕。无论何时看到自己的处境，他们都更确定自己的想法。既然所有的直觉都在告诉他自己是正确的，那又有什么理由放弃战斗呢？

对于任何这类型的抗争，我们都要探究其主体的生活环境。

如果母亲反击,孩子就会变得脾气暴躁、难以控制、吹毛求疵,完全不肯听话。当他们转头开始对抗自己的母亲时,父亲常常都能为他们提供一个恢复往日受宠地位的机会。他们会开始对父亲更感兴趣,努力要赢得他的关注和喜爱。长子女常常都会喜欢并且倾向于父亲。如果孩子喜欢他们的父亲,我们就能够知道,这已经到了第二阶段——孩子最初必然是依恋母亲的,但现在她失去了他们的欢心,孩子的兴趣已经改变,转向了父亲,他们在以此作为对母亲的谴责。如果孩子更喜欢父亲,我们就知道,此前他们曾经遭遇过挫折,一度觉得被拒绝、被忽视,而且无法对此忘怀,甚至他们的整个生活方式都将围绕着这种被拒绝感而建立。

类似的战斗往往会持续很长时间,有时甚至是终其一生的。这些孩子训练自己习惯于战斗和抵抗,因此他们会随时随地准备好投入战斗。或许再也没有什么人能让他们全心牵挂。他们会失去希望,设想自己永远都无法赢得别人的喜爱。脾气慢慢变坏,变得保守,无法与其他人相处。他们让自己学会适应孤独。这些孩子的一切行为和表达都指向过去,他们所关心的是早已逝去的时光。

出于这个理由,长子女总会以这样那样的方式表现出对过去的兴趣。他们喜欢回顾和谈论往事。他们是过去的眷恋者,却对未来感到悲观。有时,这些失去过力量,丧失过自己的小王国的孩子会比其他人更明了力量与权威的重要性。当他们长大后,就会热衷于运用权力,过分夸大规则和法律的重要性。他们坚信,任何事都必须遵守规则,没有任何规则可以被更改;力量永远都要掌握在被赋予权力的人手中。我们能够理解,童年的这类影响很可能会导致保守主义的倾向。如果这类型的人为自己建立了一个良好的地位,他们就会疑心有别的人在后面紧追不舍,想要取代他们的地位,把他们拉下马来。

长子女的出生顺位为家庭出了一道特殊的题目，但这也是一个可以加以利用并将劣势转化为优势的题目。如果最大的孩子在弟弟妹妹出生时已经得到了很好的合作培养，他们就不会感到受伤害。在这类型的长子女中，我们发现他们很容易产生保护和帮助他人的意愿。他们会学着模仿父亲或母亲，很多时候，他们在弟弟妹妹面前部分替代了父亲或母亲的角色，照顾他们，教导他们，相信自己对他们的幸福负有责任。因此，他们有可能发展出非常出色的组织能力。这都是最好的情况。然而，保护他人的努力也有可能极端化，变成要求他人依赖或控制他人的欲望。

以我个人在欧洲和美国的经验，我发现，最容易变成问题儿童的就是长子女，紧随其后的是家庭中最小的孩子。极端的位置带来了最大的问题，这很有趣。我们的教育方法还无法成功解决有关长子女的问题。

次子女

第二个孩子处在完全不同的地位，这是一个与别的孩子迥异的位置。从出生的时间来看，他们一开始就和别的孩子共同分享关爱，因此，第二个孩子天生就比老大更适应合作。他们身边围着许多人，如果没有遭到哥哥或姐姐的针对和打压的话，所处的环境可谓相当不错。但自始至终，在他们的前面都有一个领跑者，这是第二个孩子的特殊之处。对于次子女来说，总有一个孩子比他们年长，比他们成长得快，他们只有从这不断的激励中奋起追赶，才能确保不被落下。典型的次子女都有着显著的特征：他们看起来就像是在参加一场比赛，有人正在他们前方一两步远处，他们不得不拼命追赶，力争超越。次子女时时刻刻都要全力以赴。他们一直都在练习，想要超过自己的哥哥或姐姐，征服他们。

《圣经》里有许多不可思议的心理学见解，以扫和雅各的故事精彩地刻画了一个典型的次子形象[1]。他想要成为第一，夺走以扫的地位，以此来打击并征服以扫。落后于人的感觉令排行第二的孩子感到恼怒，他们会竭尽全力去超越他人。事实上，他们也常常能获得成功。次子女往往比老大更有才华，更容易有出息。就这一点而言，我们没有理由说遗传在整个发展过程中起到了多大的作用。如果次子女能够迅速前进，那也只是因为他们更努力而已。即便是在长大成人、离开家庭圈子以后，他们多半仍会善于利用某个领先者——挑选一个较有优势的人来与自己比较，然后努力试图超越他们。

这些性格特征并不只是见于人们清醒的时候。它们的痕迹体现于一切个性表达中，在睡梦中就更明显了。举例来说，长子女常常会做有关跌落的梦。他们本就处于顶端，但不确定自己是否能够一直保持这样的优势。而次子女则完全不同，他们常常勾勒出自己正在比赛的场面，或者是跟在火车后面奔跑，或者是骑着自行车比赛。有时候这些紧张匆忙的梦具有如此鲜明的特征，以至于我们可以轻易猜到做梦者是家中排行第二的孩子。

但是，我们必须承认，并没有一成不变的一定之规。言行举止像老大的人未必就是家中的长子女。这是由个人的生活环境决定的，而非出生顺序本身。在一个大家庭里，较小的孩子的生活环境有时候会和老大一模一样。也许头两个孩子年龄非常接近，之后隔了很久才有了第三个孩子，接着又有了另外两个孩子。那么这第三个孩子就会表现出所有长子女的特征。同样，在第四和第五个孩子身上则会出现典

---

[1] Esau and Jocob：两人皆是圣经人物，是以撒和利百加的儿子。在圣经故事中，以扫为了一碗红豆汤将长子的名分让给了雅各。

型的"次子女"的性格特征。无论何时，如果一个家庭中有两个年龄相近的孩子一同成长，而与其他孩子又拉开了较大的年龄差距，那么这两个孩子就会分别拥有长子女和次子女的特征。

长子女有时会在手足竞争中被打败，随后，人们就会发现在他们身上开始出现问题。有时他们能够保住自己的地位，反过来压制住较小的孩子，那么第二个孩子就会出现麻烦。如果老大是个男孩，而第二个孩子是个女孩，那么长子的处境就会非常困难。他得冒着被女孩打败的风险，而在当代社会中，这会让他觉得是奇耻大辱。男女之间的竞争比同性之间的竞争更加紧张。

在这类竞争中，女孩天生更有优势：在十六岁以前，无论身体还是心灵，她都比同龄男孩成长得快。结果可能就是她的哥哥放弃竞争，变得懒惰消极。这样的事情屡见不鲜。男孩有时会通过一些不那么光明磊落的手段来追求优势，比如吹牛和撒谎。在这种情形下，我们几乎可以立刻肯定女孩已经获得了胜利。在女孩轻松解决她们的问题并取得惊人进步时，我们会看到男孩却犯下了各种各样的错误。这类问题是可以避免的，但人们必须事先意识到这种危险存在的可能性，并采取行动防患于未然。只有当家庭中的每个成员都能够平等合作时，不良的后果才能避免，在这样的环境下，孩子们没有必要彼此竞争，也不会觉得受到了威胁，以至于将时间都耗费在争斗上。

幼子女

除了老幺，所有的孩子都有弟弟或妹妹，他们都面临着失去自己地位的威胁。而最小的孩子永远不会被取代。在他们身后没有跟随者，面前却有许多领跑者。他们是家里永远的宝贝，很可能也是最受宠的那一个孩子。每一个受宠孩子的问题他们都可能会有，但他们有太多的竞争对手，受到了太多的刺激，结果反倒常常可能令他们发展得特别好，比其他孩子进步都快，远远奔跑在最前面。纵观人类历史，幼子女的地位从未改变。在我们最古老的传说中，讲述了许多最年幼的孩子如何超越他们的哥哥和姐姐的故事。

在《圣经》里，最小的孩子总是最终的胜利者。约瑟作为幼子被养育成人。尽管便雅悯比他小七岁，但他却完全没有参与到约瑟的成长过程中。约瑟的生活模式是典型的幼子生活模式。就算在梦中，他也总是在维护自己的优越性。其他人必须在他面前低头，他的光芒掩盖了所有人。兄弟们都非常理解他的梦。这对他们来说毫无难度，因为他们和约瑟朝夕相处，他的态度又早已表现得足够明白。他们都曾体会过约瑟在梦境里所拥有的感觉。他们害怕他，想要摆脱他。然而，约瑟后发先至，成了第一。在后来的日子里，他成了家里的顶梁柱，支撑起了整个家庭。

最小的孩子常常成为整个家庭的支柱，这种现象的出现并非偶然。许多人都知道这一点，常常讲述着有关幼子女的力量的故事。事实上，幼子女大多处于非常有利的环境中：父母和哥哥、姐姐都会帮助他们，鼓励他们的雄心壮志，激励他们奋发努力，而且没有人从背后追击他们或分散他们的注意力。

正如我们已经了解到的，尽管如此，幼子女却是问题儿童的第二高发群体。其原因大抵在于整个家庭纵容他们的方式。被宠坏的孩子永远无法独立。他们缺乏自力更生去追逐成功的勇气。最小的孩子总难免野心勃勃，但大部分野心勃勃的孩子都是懒惰的孩子。懒惰是野心与缺乏勇气并存的标志：野心如此之大，以至于人们看不到任何实现它的希望。有的时候，最小的孩子不承认自己有任何抱负，但这不过是因为他们想要卓然于群，希望不受任何约束，独一无二。同样明显的是，幼子女也常常受困于严重的自卑感。身边的每一个人都比他们大，比他们强壮，都更有经验。

独生子女

独生子女有其独特的问题。他们同样避免不了竞争，但竞争对象不是兄弟姐妹。他们的竞争感直指父亲。通常母亲对独生子女都很娇惯。她害怕失去他们，想要将他们护在自己的羽翼之下。而孩子则渐渐生出了所谓的"恋母情结"，成天牵着母亲的衣角，想要把父亲推出家庭之外。只有父亲和母亲能够共同努力，让孩子同时对双亲产生兴趣时，这种情形才能得以避免。但在大多数情况下，父亲对家庭所付出的心力总是比不上母亲的。长子女有时会和独生子女很相似：他们都想要超越父亲，都很享受与年长者的相处。

通常，独生子女都唯恐家里多出个弟弟或妹妹。如果有家人的朋友说"你该有个小弟弟或小妹妹了"，他们会对这样的设想深恶痛绝。独生子女希望随时都是家人关注的焦点，真心实意地觉得这是自己应得的权利。他们完全无法想象，万一自己的地位受到挑战该怎么办。在随后的人生中，当他们不再是人们关注的中心时，种种问题便开始出现。谨小慎微、战战兢兢的环境是另一种可能危及独生子女成长的情形。假如父母因为身体原因而无法再生育，那他们所能做的就是尽可能解决唯一那个孩子的各种问题。但我们常常发现这些独生子女家庭其实原本都能够拥有更多的孩子。这些父母大多羞怯、悲观。他们觉得自己无力抚养一个以上的孩子。家庭气氛充满了紧张焦虑，孩子也受到很深的影响。

如果家中孩子之间的年龄差距很大，那么每个孩子都会有一些独生子女的性格特征。这种情况并不是太好。人们常常问我："你觉得一个家庭中孩子的年龄差几岁最好？"或是"究竟是应该连着生孩子，还是多间隔几年再生？"以我的经验来看，应当说，最好的年龄差距是在三岁左右。三岁的孩子已经具备了合作能力，能够接受家庭中新生儿的来临。在这个年龄，他们已经能够理解，一个家庭可以拥有不止一个孩子。假设孩子才一岁半或两岁，父母就无法和他们讨论这个问题，他们还不能理解我们的观点，自然我们也就不能帮助他们为这件事做好准备。

　　在全是女孩的家庭中成长的独生儿子的日子也不会好过。要是父亲再常常不在家，那他就几乎是完全生活在女人堆里了。他眼中所见的只有母亲、姐妹，或许还有女佣。他可能觉得自己与周围的人群格格不入，只好孤独地长大。若是女人们联合起来"对付"他，情况就会更突出。她们觉得必须共同教育他，或是想要证明他压根儿没什么值得骄傲的。敌意和争斗因此大量衍生。如果他排行在中间，处境很可能非常糟糕——这是个腹背受敌的位置。如果他是老大，则有可能陷入与某个咄咄逼人的女孩竞争的险境中。如果他是最小的孩子，就会被宠坏。

　　姐妹群中长大的独子处境并不妙，但如果男孩能够积极参与社会生活，从中接触到其他孩子，这个问题是可以解决的。否则，由于身边全是女孩，他的言谈举止也有可能变得像女孩子一样。纯女性化的环境与男女混合的环境完全不同。如果家居布置取决于居住其中的人的口味，而非标准化的，那么你就几乎能确定，这个家一定是精致而整洁的，选用的色彩经过了精心搭配，所有细节都颇费心思。如果有男人或男孩们生活在里面，那就绝不会如此整洁，家里会粗糙得多，吵吵闹闹，家具上也少不了磕磕碰碰的痕迹。可是女孩群中唯一的男孩却会被依照女性的品味来培养，学着以女性的视角来看待生活。

另一种情况是，他可能激烈地抗拒这种氛围，反而格外注重自己的男子汉气概。这样他就会时时警惕，下定决心不受女性的操控。他会觉得必须要维护自己的个性和优越性，但却总会有一些紧张感挥之不去。他的成长很容易走向极端，要么非常强大，要么非常软弱。与此类似的，在男孩群中长大的独生女也很容易变得极端女性化或是满身男性气息。很多时候，她在生活中都会感到无助或缺乏安全感。这种情况很值得研究和探讨。我们不会每天都遇到这种情况，在对此发表太多意见之前，还需要研究更多的案例。

每当我探究成年人时，都会发现产生于他们早期童年阶段的印象，这些印象从那时起就被一直保留了下来。出生顺位会在个人的生活方式上留下不可磨灭的印记。成长中的每一道难题都是源于家庭内竞争的存在和合作的缺失。如果审视我们的社会生活，或真正把世界作为一个整体来看待，并且询问为什么竞争和对立是其中最显眼的部分，那么我们就必须要认识到，无论在哪里，人们所追求的目标都是成为一名征服者，去战胜和征服他人。这个目标是童年早期经历的结果，是当初在家庭中没有感受到平等地位的孩子努力竞争的结果。唯有着力于培养孩子的合作精神与合作能力，才能避免这令人遗憾的苦果。

第七章
学校的影响

如果教育者将性格和智力的发展完全归结于遗传因素
他们在职业领域将不会有任何成就
儿童的发展有无限可能，教育对其选择影响最大

变革中的教育

学校是家庭的延伸。如果所有父母都有能力承担起教育子女的责任，培养他们掌握解决生活问题的能力，也就不需要学校了。过去常常有孩子几乎完全在家中接受训练。匠人凭自己的手艺养育孩子，并教会他们自己从父辈那里继承而来的技能和在实践经验中体悟到的经验。然而，当今的文化对我们有更为复杂的要求，所以需要由学校来减轻父母的负担，继续他们开启的未竟教育。我们能在家中所给予的教育并不能满足社会的一体化对年轻一代教育程度的要求。

美国的学校不曾像欧洲校园那样一步步经历过多种发展阶段，但有时我们仍然能够从中看到权威主义传统的残影。欧洲教育史上，起初只有王子和贵族们能够接受正规的学校教育。他们是社会中唯一有价值的群体，其他人只需安分守己，不必有更多的期待。后来，社会对有价值的群体定义范围有所扩大。宗教机构接管了教育事业，少数一些人可以经过选拔培养学习神学、艺术、科学或是专业技能。

随着技术的进步，陈旧的教育体制已经完全不适应时代需要。教育的普及是一项长期而艰苦的事业，在一些乡村和城镇里，通常还由当地的皮匠或裁缝兼任教师。他们上课时教鞭不离手，教学结果也相当令人失望。艺术和科学只有在神学院和大学里才能学到，有时连帝王都没学会看书写字。然而，工业革命的来临要求工人们会阅读、会写作，还要会做算术，由此出现了今天的我们所熟知的公立学校。

但是，这些学校是依照政府的需要而建立的。当时的政府想要的是用来为上层阶级利益服务的下属，既有文化又顺从听话，还可以拿起武器变成士兵。学校的课程也依此目的而设。我记得奥地利一度还保留着部分这种情形，对平民百姓进行教育只是为了让他们服从命令，安分守己。这种教育形式的弊端逐渐显现，自由思想之花盛开，劳动阶级越来越壮大，也有了更多诉求。公立学校采纳了他们的诉求，现在占据主流的教育理念认为，应该让儿童学会为自己思考，应该让他们接触了解文学、艺术和科学，并成长为有能力分享整个人类文化，并为之做出贡献的人。我们不再希望仅仅培养孩子们的谋生手段，或是完成工厂的简单劳作。我们想要的是能为了共同利益一起并肩工作的伙伴。

教师的角色

不管有意还是无意，所有倡导教育革新的人寻求的都是加深社会生活中合作的程度，例如要求进行性格教育的目的即是如此。如果我们了解了这一点，这一要求的合理性也就显而易见。但总体来说，这种教育的目的和技巧尚未普及。我们需要的是不仅能教会学生们谋生，也能引导他们为人类造福的教师。他们对这一责任的重要性必须熟记于心，并具备实现这一任务的资格。

性格教育的重要意义

性格教育的效用仍在试验阶段。我们应该抛弃教条，纠正性的性格教育中并不存在严格的条理和明确的规定。但是，即使是在校园中的试验结果也未尽如人意。进校的孩子们在家庭生活中已经遭遇挫折，不管受到多少教训和鼓励，却还是一再犯错。因此，除了提高对教师了解并帮助学生进步的能力外，我们别无他法。

我本人曾在学校里做过许多工作，觉得不少维也纳的学校领先于世界。在其他地方，也会有精神病专家参与诊治儿童并提供指导建议，但如果教师不能与他们达成一致意见并知道如何付诸实行，那又有什么意义呢？专家们每周来出诊一两次，也许甚至每天一次，却并不真正清楚来自环境、来自家庭内外、来自学校本身对孩子的影响。他们在处方上写这名儿童应该改善营养，或是应该接受甲状腺治疗；也许还会暗示教师给某个孩子个别指导，但教师却不理解精神病专家开出处方的理由，也缺乏避免犯错的经验。除非能够了解这个孩子的性格，否则教师无能为力。我们需要精神病专家和教师之间最紧密的合作。教师必须了解心理医生所知道的一切，只有这样，在就孩子的状况进行讨论后，他们才能不依赖外力进一步解决这一问题。万一出现始料未及的问题，即使心理学家不在场，教师也应该知道如何正确应对。最实用的方式看来还是我们在维也纳建立的那种顾问会议（advisory council）。我会在本章的最后详细解释这一方式。

当孩子第一次跨入校园，他面临的是一次社会生活的新考验，一次在成长过程中会暴露所有弱点的考验。他们现在必须在较以前更为广阔的领域展开合作。如果在家中备受溺爱，他们可能不愿离开温室，融入到其他孩子们中去。因此，我们可以在进校的第一天就看出一个被宠坏的孩子的社会感限制。他们也许会哭喊，想要回家；也许对学校课程或老师不感兴趣；也许会自始至终想着自己的事，听不进老师的话。孩子身上这种只对自己感兴趣的状态是否还在持续很容易判断——看他们的学习成绩上不去就知道了。家长常常告诉我们这些问题儿童在家一切正常，可一到学校，毛病就来了。我们怀疑是孩子在家中极其舒适自在，不必经历考验，成长中的错误也就无从体现。可是在学校里，没人再宠着他们，于是他们会将所经历的遭遇视为挫败。

有个孩子从进校第一天就对老师说的每一句话报以嘲笑，对任何功课都心不在焉，人们都以为他的脑子有问题。我见到他时，告诉他："没人知道你为什么总是嘲笑学校。"

他回答："学校就是爸爸妈妈开的玩笑，他们是送孩子来受骗的。"

他在家中曾经被捉弄过，以为一切新境遇都是另一个针对他的玩笑。我让他明白，他将保护自尊看得过分重要了，没有人想要愚弄他。结果他开始用心上课，并有了显著进步。

师生关系

发现学生的困难，纠正家长的错误是教师的职责。有些学生已经为接受更广阔的社会生活做好了准备，他们在家中就已经学会对其他人感兴趣。有些孩子则措手不及，每次遇到没有准备的问题就会迟疑或退缩。进展缓慢的孩子并非都低能，他们只是在调整适应社会生活的问题前犹豫不决。教师是最适合帮助他们适应新环境的人选。

但是，教师该如何帮助他们呢？他们应该像母亲一样——和孩子建立纽带，赢取他们的关注。

儿童在未来生活中所有的调整适应都有赖于从一开始就捕捉到他们的兴趣。没人会在呵责和惩罚下完成这一调整。如果走进校园的孩子发现难以与他们的老师和同学沟通来往，最糟糕的手段就是批评责备他们，这只会让他们更加讨厌学校。我得说，如果我是个在学校经常被批评责骂的孩子，当然会想离老师越远越好，我会想方设法谋求脱身，逃离学校。

对大多数逃学、顽劣和难以管教的孩子来说，学校是人为的讨厌场所。他们并非真蠢，在编造借口逃避上学，或是伪造家长信件时通常都表现得天资聪颖。在校园外，他们能找到其他逃学的前辈，从那些伙伴那里获得的赏识是在学校里无法体验到的。他们觉得自己成了圈子里的一份子，让他们体会到自身价值的不是学校班级，而是问题少年组织。由此我们可以看到那些没能被班级接受为平等成员的儿童是怎样被刺激转变，从而走上犯罪道路的。

学习的兴趣

教师如果想要吸引孩子的兴趣，必须先了解孩子之前的兴趣所在，并让他们相信自己既然能在那些兴趣上取得成功，在其他兴趣上也是一样。当孩子在某门课业上建立信心后，让他们将兴趣转移到其他点上也就相对容易。因此，从一开始，我们就应该去了解孩子对世界的看法，去发现他的哪种感官被使用得最多、被训练得最为敏锐。有些儿童最感兴趣的是看，有些是听，有些则是行动。视觉型儿童更易对需要使用眼睛的科目发生兴趣，例如地理或绘画。如果教师只是讲课，他们可能不听，因为他们不习惯集中听觉注意力。这样的孩子如果没有通过眼睛来获取知识的机会，学习的进展会很缓慢。他们可能会被想当然地看作能力不足或是平庸的儿童，把过错归结于天性驽钝。

如果要论教育失败的责任，则在于教师和父母没能找到正确的方式激发孩子的兴趣。我的意思不是说儿童教育应该提倡早期特殊教育，而是说应该利用孩子产生的一切兴趣去诱导他们，与此同时培养出其他兴趣。现在有些学校已经采用视听结合的教学方法来上课，比如在传统课程中结合使用模型和图画。这一趋势值得鼓励并进一步发展。任何学科的最佳教学方式都是让它与现实生活紧密相关，让孩子能够看到教导的目的，并了解到所学内容的实用价值。有一个问题常常被提及，教孩子吸收知识和教会他们自我思考孰高孰低？在我看来，这两种方法不该割裂，而应该结合在一起。例如，结合造房子教数学就很生动有益，可以让他们算出需要多少木材，可以住多少人，等等。

有些内容可以很方便地放在一起教，许多教师都善于将生活的各个方面联系在一起。比如，教师可以和孩子们一起散步，看看他们到底对什么最感兴趣。与此同时，还可以教他们认识植物以及植物的构造、生长和用途，气候的影响，景观的地形地貌特征，人类的农耕史，还有生活的各方各面。当然，预设前提是这样的教师必须真正对自己所教的孩子感兴趣，否则根本达不到教育的目的。

课堂里的合作与竞争

现行体系下，我们常常会发现刚刚跨入校园的孩子更适应竞争而不是合作，而在他们的整个求学生涯中对竞争意识的强化也将一直持续。这是孩子的不幸，不管是在竞争中出人头地，还是落于人后、心灰意冷，对孩子来说都是一场灾难。在这两种情况下，他们的关注点都始终集中在自己身上。他们的生活目标不是奉献与帮助，而是为自己争取一切可能。一个家庭应该是一个整体，其中的每一个成员都是平等的。同样地，一个班级也应该这样，只有这种环境下培养出来的孩子才会真正对别人感兴趣，并能够享受合作。

我见过许多"难搞"的儿童，在培养出对班级同学的兴趣与合作后，他们完全转变了以往的态度。有一个孩子特别值得一提，他觉得家中所有人都对自己心怀敌意，料想学校里的人也不会例外。他的学习成绩很差，父母知道后，在家中惩罚他。这种情况很常见：孩子因为拿到坏分数在学校受到批评，回到家后，又得因此再受一顿责罚。这种事情经历一次就足够让人泄气，双重惩罚简直太残忍了。毫不奇怪，这孩子学习落后，在班级里起着破坏性作用。但他终于遇到了一位理解他的境遇的老师，他向其他同学解释了这名孩子为何会觉得所有人都与之为敌，并要求同学们帮助这名孩子，让他相信大家都是他的朋友。老师的引导让这名男孩的整体行为取得了出人意料的进步。

有人怀疑，这种培养是否能让儿童真正理解并帮助他人。我的经验告诉我，儿童通常要比年长者更善解人意。一位母亲曾经带着两个孩子来见我，一个是两岁的女孩，另一个是三岁的男孩。小女孩爬上了台子，她母亲惊呆了，吓得一动不敢动，只会喊："下来！快下来！"可女孩根本就不听她的。三岁的男孩却说："待在那儿别动！"结果女孩马上乖乖下来了。他比母亲更了解妹妹，知道在这种情况下该如何应对。

经常有人建议，采用让孩子自治的方式来增进班级中的团结和合作，但在这一点上我们必须小心谨慎。自治应该在教师的指导下进行，并确保孩子们对此已经做好准备充分。不然我们会发现孩子们并不能认真对待自治，反而将之视为某种游戏。结果他们会执行得比教师严厉苛刻得多，或是在举行会议时争强好胜、引发争吵、排除异己，或是为自己争夺优越地位。因此，教师在初始阶段的观察和劝告十分重要。

评估儿童的发展

我们难免要进行各种测验来获取儿童智力、性格和社会行为发展的最新标准。智力测验这种东西有时可能挽救一个孩子。比如说，一名成绩糟糕的男孩，老师想要让他留级。经过智力测验，我们却发现他完全能够应付更高年级的课程。但必须认识到，我们无法预测一个孩子未来的发展极限。智商应该只用于探明儿童的困难所在，以便找到办法克服它。就我的经验而言，当智商测验的结果显示出测验对象并没有切实的智力低下时，只要找到正确的方法，我们总能让这些孩子发生改变。我发现，那些有机会参加智力测验，并逐渐熟悉了解的孩子会发现其中的规律，逐步积累经验，他们的智商分数也随之提高。因此，首先不应将智商看成是命运或遗传天分所定，对儿童的未来成就产生限制。

儿童和他们的父母也不应被告知智商分数。他们不了解测验的目的，也许会以为它代表着最终判决。教育最大的问题不在于儿童的极限，而在于他们的自我设限。如果孩子们知道他们的IQ分数低，也许就会丧失希望，认为自己与成功无缘。我们在教育中应该做的是尽力增强他们的自信和学习兴趣，破除生活中他们给自己的能力所加上的重重限制。

对学习成绩也应如此。给学生低分的教师也许认为自己是在鞭策他们更加努力。但如果家庭环境很严苛，学生会害怕将成绩单带回家。他们也许不敢回家或是涂改成绩单，有些处在这种情况下的孩子甚至会自杀。因此，教师应该充分考虑到后果。他们虽然不能为学生的家庭生活及其产生的影响负责，但必须将之纳入考虑。

如果父母望子成龙，带着糟糕成绩单回家的孩子也许就要面对责骂。如果教师仁慈宽松一些，学生也许反而会受到鼓励，努力进取并取得成功。一个孩子如果永远拿着糟糕的成绩单，被所有人都看作班级最差的一个，他自己也会逐渐相信这一点，觉得自己真的无可救药。然而，最差的学生也能进步。杰出伟人的经历中有着众多范例可以证明，学校里的差生也可以恢复自信和学习兴趣，取得伟大成就。

有意思的是，孩子们之间通常不需借助成绩单，就能对各自的能力做出相当准确的判断。他们知道谁最擅长算术、拼写、绘画和体育，知道每个人的能力高下顺序。但他们最常见的错误是以为自己永远无法做得更好。他们看着那些比自己优秀的孩子，认为自己望尘莫及。如果孩子的这一观念根深蒂固，很有可能会终生受到禁锢。长大成人后，他们会仔细估算自己和别人的差距，认为自己就该甘居人后。

绝大部分孩子在学校各年级阶段的成绩水平几乎都保持着大致相同的排名，总是位居优秀、中等或是末游。我们不应将这一事实看作天分高低的指标。它显示的是孩子给自己设定的限制、他们的积极性和活跃领域。班级成绩垫底的孩子发生巨大转变，成绩突飞猛进的例子并不罕见。儿童应该了解自我设限中所犯的错误，教师和学生都必须摒弃那种"正常智力水平的儿童进步的水平与其天赋相关"的迷信。

天性与培育

教育所犯的所有错误中，所谓天分限制发展的迷信是最糟糕的一种。它使得教师和父母得以开脱自己的过错，松懈努力，轻松逃避他们所应该肩负的对儿童的影响责任。所有那些尝试逃避责任的企图都应被驳斥。如果教育者真的将性格和智力的发展完全归结于遗传因素，我实在不能指望他们在职业领域能达成任何成就。与此相反，如果他们认识到自己的态度和工作能够影响孩子，就不可能逃避责任。

此处我所指的并非生理遗传。生理缺陷的遗传毫无问题。真正了解遗传问题在心智发展上的重要性的，我认为只有个体心理学。儿童意识到自己的生理功能的缺陷，就会依据对自己能力的判断给自己的发展设定限制。影响心智的并非缺陷本身，而是儿童对缺陷、对自己未来成长道路的态度。因此，对于遭遇生理缺陷的儿童，尤其重要的是让他们知道，他们的智力或性格并不会因此也存在缺陷。在前面章节我们说过，同一种生理缺陷既有可能刺激人奋发图强取得成功，也有可能成为后续发展不可避免的障碍。

我最初提出这一观点时，被许多人批评说是不科学的，是将个人信念凌驾于事实之上。然而，我的结论得自个人经验，支持这一观点的证据也正在越来越多。现在，许多其他精神病医生和心理学家也都得出了同样的结论，同意性格中有遗传因素的观念也许只是一种迷信。当然，这是一种已经存在了数千年的迷信，每当人们想要逃避责任或是将人类行为归为宿命时，性格特征源自遗传这一说法就总是会露头。它最简单的形态是认为人之初，性本善或性本恶。这种说法显然站不住脚，只有拼命想要逃避责任的人才会始终秉持。

"善"与"恶"，以及其他关于性格的表达，其意义都只存在于社会语境中。它们是在社会环境下，和其他人类共同培养训练出来的产物，它们蕴含着对一个人的行为是"有利他人"还是"损害他人"的判断。儿童出生前并没有能产生这一感知的社会环境。出生后，他们的发展方向有无限可能。他们选择的道路取决于自身所处环境和身体所接收的印象和感受，以及他们对这些印象和感受的解读。对这一选择有着最大影响的则是教育。

尽管证据也许还不够明晰，但对于智力的遗传性状也是如此。智力发展中最大的要素是兴趣，我们之前说过，能够阻碍兴趣发展的是灰心和恐惧，而不是缺乏遗传。毫无疑问，大脑的结构多少得自遗传，但它只是心智的工具，而非根源，而且如果大脑的损伤还没严重到我们现今所掌握的知识无法克服的程度，就仍然可以接受补偿性训练。在每种出类拔萃的能力背后，我们所发现的都是持久的兴趣和训练，而不是特异的遗传性状。

即使是那些世代向社会输送了众多天才人物的家族，也不必将此现象归结为遗传。我们宁愿假设，家族中一位成员的成功可以成为对其他人的鞭策，家族传统和期待让孩子们得以追逐自己的兴趣，并得到培养和锻炼。例如，当我们了解到伟大的化学家莱比锡是一位药房老板的儿子时，大可不必将他在化学上的天分归结于遗传。深入了解后，我们发现他生活的环境允许他去发挥自己的兴趣，在大多数孩子还对化学一无所知的时候，他就已经对自己的兴趣所在相当熟悉了。

莫扎特的父母喜爱音乐，但他的才华也并非得自遗传。他的父母希望他对音乐感兴趣，并尽量给他以鼓励。从幼年时代开始，音乐就是他的全部生活。我们经常发现，杰出人士总是在早年就崭露才华：他们四岁就能弹钢琴，或是小小年纪就能给家人写故事。

他们的兴趣长久不衰，训练也主动而广泛。他们勇往直前，没有犹疑，也不会裹足不前。

如果教师认为学生的发展空间有限，自然也就无法成功破除孩子们给自己设定的限制。如果可以对一个孩子说"你在数学方面没有天分"，工作自然轻松得多，但这样做只会让孩子灰心丧气。我自己就有过这样的经历。有好几年我都是班级里的数学低能儿，自认完全没有数学才能。幸运的是，有一天我发现自己竟然能够解出一道连老师都被难倒的习题，这让我大吃一惊。突如其来的成功彻底改变了我对数学的态度。之前我对整个科目完全放弃，现在却开始乐在其中，并抓住一切机会去提高自己的能力，从而成了学校里的数学尖子。我想，正是这一经历让我看到了特殊才能或是天赋理论的谬误。

认识性格类型

对于接受过了解儿童培训的人来说，区分不同的性格和生活方式是很简单的事。儿童的合作程度可以从他们的姿态、看和听的方式、与其他儿童的距离、交朋友的难易、注意力和专注力的强弱等方面判断出来。如果他们忘了应该完成任务或是弄丢了课本，说明他们对自己的学习不感兴趣。他们为什么会厌憎学校？我们必须找出原因。如果他们不愿加入别的儿童的游戏，说明他有孤立和专注自我的倾向。如果他们完成任务时总是要寻求帮助，说明他们缺乏独立性和渴望获得支持。

有些儿童只有在受到表扬和赞赏时才愿意学习工作。许多被娇惯的孩子只要能得到教师的关注，就能在学业上表现出色。一旦失去了这种特别专注,麻烦就开始了。他们没有观众就无法正常运作,没有人注视着就会丧失兴趣。对这样的孩子,数学通常是最艰难的科目。当只是要记住几条定律或几句话时,他们都能轻松胜任;但一旦被要求自己解开一道题目,他们就一筹莫展了。

这些毛病听起来似乎微不足道,但对他人利益最具威胁的恰恰是那些始终要求旁人支持和关注的孩子。如果这种态度一直延续不变,他们在成年生活中也会一直需要并索求他人的支持。一旦遇到问题,他们的反应总是想方设法让别人帮忙解决。他们终其一生都无法造福于他人,只能成为其他人的负担。

还有一些想要成为关注焦点的孩子,在周围环境不顺意时,就通过调皮捣蛋来获取关注。他们要么扰乱整个课堂,要么带领其他孩子逃学,要么不时惹是生非。责备和惩罚对他们毫无效果,只会让他们更加得意。他们宁愿被责罚也不愿被忽视,破坏行为所带来的不快惩罚对他们来说只是为了赢回关注所付出的合理代价。许多孩子只将惩罚视为个人挑战。他们把它当成竞争或比赛,看谁能坚持得更久。而赢家总是他们,因为主动权掌握在他们自己手中。所以有些与自己父母或老师作对的孩子,在接受惩罚时,不仅不会哭,还会笑。

懒惰的孩子几乎都是野心勃勃却害怕失败的孩子,除非他们是将懒惰作为针对父母和老师的反击武器。每个人对成功一词都有自己的理解,而孩子们对失败的认识往往会令人大吃一惊。许多人觉得如果不能独占鳌头就是失败。即使取得了成功,但如果有人做得更好,他们觉得还是失败。懒孩子从未感受过真正的失败,因为他们从未面对真正的挑战。当需要和他人竞争时,他们就回避问题或是推延决定。每个人都相信,如果自己不那么懒惰,就一定能克服困难。他们在幸福的白日梦中寻得安慰:"只要我想做,没什么做不到的。"于是，不管是否失败，他们都可以对自己的失败不以为意，只要告诉自己"我只是懒，并不是不能"，就能重拾自尊。

有时候，教师会对懒惰的学生说："如果努力一点儿，你就能成为班上最聪明的学生。"如果不费吹灰之力就能获得这样的评价，他们为什么还要冒险去努力呢？也许一旦他们不再懒惰，就保不住这种深藏不露的聪明孩子的名声了。所以应该根据实际成绩来裁判，而不是他们本应能达到的目标。懒孩子的另一个优势是，只要他们稍稍使一点点力气，就能得到表扬。所有人都希望他们至少是已经开始努力了，热切地鼓励他们进一步提高，但其实同样的努力在勤奋的孩子身上根本就不值一提。就这样，懒孩子生活在他人的期待里。他们是被宠坏的孩子，从婴儿时期就开始习惯于期待不劳而获。

另外还有一种类型的儿童也很容易辨认，就是那些同伴中的孩子王。人类对领袖有着切实的需求，但大家需要的是那些能够最大限度为他人着想的领袖，这样的领袖相当罕见。大部分领头的孩子感兴趣的只是可以统治和支配他人的地位，只有满足这一要求，他们才肯加入到伙伴们的群体中去。这些孩子的未来前景不会一帆风顺，在往后的生活中肯定会相当艰难。两个这样的人如果在婚姻中，在工作上，或是在社交关系中狭路相逢，结果要么是悲剧，要么是滑稽剧。他们每一个都在寻求支配他人，并建立自己优势地位的机会。家庭中的长辈有时看到备受宠爱的孩子想要对他们发号施令、横行霸道的行为会觉得好玩，他们忍俊不禁，还怂恿孩子们继续。然而，教师很快就能看出这种性格发展趋向不利于有益的社会生活。

孩子们形形色色、各不相同，我们的目标绝对不是把他们都打造得一模一样，或是塞进某个模子。我们想做的，是防止那些明显会走向失败和困境的习惯继续发展下去，而这些发展趋向在童年时相对比较容易纠正或预防。如果这些习惯得不到纠正，成年后的社会后果将会很严重，甚至具有破坏性。童年错误和成年失败间有着直接关联。在极端案例中，没有学会合作的孩子在以后可能成长为神经质的人、酒鬼、罪犯或是自杀者。

孩提时的焦虑症害怕的是黑暗、陌生人，或是新环境。忧郁症患者则是那些哭闹不休的婴孩。当今社会里，我们无法指望接触到所有父母，帮助他们避免错误，况且那些最需要建议的父母通常从来不会去寻求帮助。我们只能希望能接触到所有教师。通过他们我们可以接触到所有孩子，尽量纠正那些已经出现的错误，培养孩子们的独立性、勇气和合作精神。这也是对未来人类福祉的最大保障。

教学观察

即使是在学生人数较多的大班级里，我们也能观察到孩子之间的差异。如果不是将他们看作面目模糊的一个大群体，而是能够深入了解他们的个性，就能更好地把握他们。但大班肯定是不利因素，一些学生的问题被掩盖起来，让教师很难对症下药。教师应该密切了解每一名学生，否则无法吸引他们的兴趣，争取他们的合作。我认为，如果几年中，学生能跟随同样的老师，将会有巨大的助益。有些学校的教师每半年左右就换一批，教师没有充分的机会融入学生中，去发现他们的问题，跟进他们的发展。如果教师能带领同一批的学生三至四年，会更有利于他们发现并补救孩子们在生活方式上的错误，也更利于引导班级团结合作。

跳级对孩子来说并不一定是件好事，他们通常会肩负一些无法实现的期待。如果相对其他同学年龄偏大，或是进步速度较班级同学更快，或许可以考虑让他们升班。但如果像我们所主张的，班级成为一个团结的整体，其中一份子的成功对其他人也都有好处。班上如果有一名光芒耀眼的学生，整个班级的进步速度都会加速，剥夺其他成员的这一刺激是不公平的。我更倾向于提供给那些天资聪颖的学生其他的活动和兴趣作为正常课业之外的补充，例如绘画。他们在这些活动上的成功也会扩展其他孩子的兴趣，鼓励大家踊跃参与。

对儿童来说，更为不幸的是留级。教师们一致同意，留级生通常无论在校还是在家都是一个问题，尽管不一定人人如此。极少数学生也可以风平浪静地重读一年。但大多数留级的孩子却依然故我地落后，并且惹是生非。同学们对他们的印象不好，他们对自己的能力也缺乏信心。这是一道难题，在我们现行的教育结构下也很难避免让某些孩子留级重读。有些教师利用假期来教育落后的学生，帮助他们认清自己在生活方式上的错误，从而让他们不必留级。孩子们只要认识到错误，就能在接下来的学期取得进步，顺利跟上。事实上，这也是我们真正能够帮助差生的唯一方法：让他认清自我评估时犯下的错误，就能让他们摆脱束缚，靠自己的努力获得进步。

在那些将儿童划分为聪明学生和迟钝学生，并分别安排进不同班级的地方，我注意到一个显著现象。我的经验主要来自欧洲，不知道在美国是否也同样适用。在慢班里我看到弱智儿童与出身贫苦的孩子混杂在一起，而快班里的大多数孩子都有着较好的生活条件。这一现象看似很好理解。那些需要面对重重挑战的父母没有多余的时间来培养孩子，也许他们本身就没有受过充分的教育可以用来帮助自己的孩子。

然而，我不认为那些没有为入学做好充分准备的孩子就应该被编入慢班。一位受过专业培训的教师应该知道如何弥补他们准备上的不足，他们也会通过与那些准备充分的孩子交流而获益。如果被放进慢班，他们自己通常会意识到这一事实，而快班的学生也会知道，并看不起他们。这种机制只会滋生沮丧，并误导他们对个体优越地位的追求。

原则上，男女合校完全值得支持。这是让男孩和女孩更好地相互了解，并学会与异性合作的绝佳方法。但如果认为男女合校就能解决所有问题，就大错特错了。男女合校也会产生自身的特殊问题，除非这些特殊问题得到认识和解决，男女混校里两性之间的分歧甚至会比男校和女校来得更大。

举例来说，难题之一是，在十六岁前，女孩发育得比男孩快。如果男孩不了解这一点，就很难维持自尊。他们只能看着自己被女孩超过而灰心丧气。长大后，他们会害怕与异性竞争，因为他们对曾经的失败记忆犹新。支持男女合校，并了解其问题所在的教师可以在其中做许多工作，但那些并不完全赞同，也不感兴趣的教师肯定会失败。男女合校的另一难点在于，如果学生不能被正确教育并加以监督，性问题势必会浮现。

学校里的性教育问题非常复杂。课堂并不是适合进行性教育的场所：如果教师面对整个班级讲课，他们无从得知每个学生是否都能够正确理解讲课内容。他们可能激发起学生的兴趣，却不知道孩子们是否已经做好准备，也不清楚了解这些知识后，他们会如何调整自己的生活方式。当然，如果孩子们想要知道更多，并在私下提出问题，教师应该给予真实而坦诚的回答。这样他们才能判断哪些才是学生真正想了解的知识，引导他们在正确的途径上寻求答案。但在班上反复谈论性并无益处，这样肯定会让有些孩子产生误解，把性当作无足轻重的东西。

顾问委员会的工作

十五年前，我着手推广顾问委员会的目的是接触教师，建立起一整套校园咨询服务。个体心理学的顾问委员会在维也纳和欧洲的其他多个城市都被证明是行之有效的。崇高理想和远大目标固然重要，但如果不能找到实现它的手段，理想就是毫无价值的空谈。经过这十五年的实践，我想现在可以说顾问委员会取得了圆满的成功，它是我们解决童年问题和培养儿童成为负责任公民的最佳工具。我自然坚信，植根于个体心理学的顾问委员会是最为行之有效的形式，但也没有理由反对它与其他心理学流派合作。实际上，我一直都在鼓吹，顾问委员会应该与各种心理学流派建立联系，研究比较各家结果，博采众长。

在顾问委员会的建设中，由受过良好培训，对教师、父母和孩子面临的各种问题都有丰富经验的心理学家加入到学校教师中，和他们一起讨论工作中出现的问题。他们拜访学校时，先由一位或多位教师描述一名学生的案例以及他（她）所面临的问题，比如懒惰，或是爱争吵、逃学、偷窃，或是成绩落后。然后，心理学家贡献出他们的经验并加以讨论。他们要梳理出孩子的家庭生活和性格发育，以及这些问题最初出现的环境，再由教师和心理学家探讨造成这些问题的可能缘由，以及该如何应对。由于他们都有丰富的经验，很快就能达成一致，找到解决方案。

心理学家访校的那天，孩子和他们的家长也要参加。在心理学家和教师确定，该怎样与父母谈话，以及如何施加影响，向他们解释孩子失败的原因后，就请他们进来，由心理学家和父母谈话，而父母则可以提供更多的信息。谈话中，心理学家会提出帮助孩子的建议。通常，父母都会非常欢迎顾问意见，乐于合作，但如果遇到有抗拒心理的父母，心理学家或教师可以和他们讨论类似的其他案例，从中得出可以供他们的孩子参考的结论。然后让孩子进入咨询室，心理学家会跟他们谈话，话题不是关于他们的错误，而是他们的问题。心理学家要在孩子身上寻求答案，是什么阻止他们取得进步？是觉得自己受到轻视，而别的孩子却被偏爱？抑或别的什么原因。他们不会批评责备孩子，而是与他们和蔼地对话，以更好地理解他们的想法。就算心理学家在谈话中提到孩子的具体错误，也是放在假定案例中，并要征求孩子的观点。没接触过这一工作的人，一定会对孩子们的理解力之强，以及转变态度之迅速万分惊讶。

我所培训过的所有教师都很高兴参与这项工作，无论如何也不愿放弃。这让他们的工作更为有趣，他们努力也能取得更大的成功。没有人觉得这是多余的负担，通常在半个小时以内，就能解决困扰他们多年的问题，整个学校的合作精神也得到了提升。不需要多久，大部分主要问题就销声匿迹，只有一些小问题需要应对了。教师自己也成了心理学家，他们学会了理解人格的整体性以及各种表现的相关性，如果课堂上出现问题，他们完全可以自己解决。事实上，这也是我们的期望，如果所有教师都能接受心理学培训，心理学家就显得多余了。

举个例子，如果班上有个懒惰的孩子，教师可以和孩子进行一场关于懒惰的谈话。教师可以先提问："懒惰是怎么来的？""为什么有些人会犯懒？""懒孩子为什么不能改？"以及"有哪些方面需要改？"孩子会和老师一起谈论问题，并得出结论。懒孩子并不知道自己就是谈话讨论的对象，但问题在他们自己身上，他们会感兴趣，并从谈话中获益良多。如果面对批评责备，他什么都学不会；但如果去倾听一场心平气和的谈话，他会去思考这个问题，也许就会改变看法。

没有人能比与孩子们一起工作、一起游戏的教师们更好地了解他们。孩子们的类型各异，富有技巧的教师能和他们中的每一个都建立起关联。儿童的早期错误是会持续下去还是得到纠正，关键在于教师。和父母一样，他们是未来人类的向导，他们能做出的贡献也不可估量。

第八章
青春期

青春期行为多半出自对展现独立性、与成人的平等
以及成就男性或女性气质的渴望
这一行为的走向取决于孩子们对所谓"长大"的理解

什么是青春期

关于青春期的书籍汗牛充栋，而且几乎每本书中都将它看作可能全面重塑一个人性格的危急关头。青春期存在许多危险，但它并不能真正改变一个人的性格。青春期让成长中的孩子面对新环境和新挑战，令他们感觉自己走到了生活的最前沿。以前生活方式中未能发现的错误可能也在这一时期露头，但经验老到的人总能洞察出来。随着青春期的到来，这些错误越来越大，无法再被忽视了。

心理特征

对几乎每个年轻人来说，青春期首先意味着一件事：他们必须证明自己已经不再是小孩。我们也许可以尽量让他们知道，这是理所当然的事。如果这样，处于这一境遇中的孩子所面对的压力可能就会减轻许多。如果他们觉得必须要证明自己的成熟时，不可避免地会过度反应。

许多青春期行为都出自对展现独立性、与成人的平等，以及成就男性或女性气质的渴望。这一行为的走向取决于孩子们对所谓"长大"的理解。如果"长大"意味着挣脱束缚，孩子就会反抗一切限制。这在该阶段的孩子身上很常见。许多青少年开始吸烟、说脏话、夜不归家,有一些还会出人意料地与父母针锋相对,曾经那么听话的孩子突然变得如此忤逆,让父母大惑不解。但其实,他们的态度并没有发生真正的改变。这些听话的孩子显然一直对父母心存不满,但直到现在,有了更多自由和力量时,他们才感到可以公开反抗。有一个一直被父亲打骂恐吓的男孩,看起来可能完全就是个安静听话的孩子,但他只是在等待时机报复。一旦觉得自己有了足够的力量,他就会向父亲发起挑战,殴打他,离开他。

青春期的孩子经常被赋予更多的自由和独立,父母觉得不再有权时时刻刻监督他们。如果还有父母想要继续像以前一样监管,道高一尺魔高一丈,孩子们会尽力逃脱控制。父母越是想证明他们还是小孩,孩子就会越激烈地反抗以证明恰恰相反。这样的争斗会滋长出敌对情绪,于是我们面对的就会是典型的"青春期叛逆"场景。

生理特征

青春期的起止时间很难严格划出。它通常起始于十四至二十岁左右,但在十岁或十一岁就已经进入青春期的孩子也不鲜见。这一时期,身体的所有器官都在成长发育,孩子的协调性有时会出现问题。个子长得越高,手和脚也长得越大,灵活性却可能跟不上。他们需要训练去增进协调性,但在这一过程中,如果遭到嘲笑和挑剔,就会觉得自己天生笨手笨脚。嘲笑孩子的动作,可能会让他们真的笨拙起来。

内分泌腺对孩子的发育产生的作用到青春期变得更为活跃。这并不是一种全新的变化——内分泌腺在婴孩期就已经发挥作用了,但现在它们分泌量更大，第二性征也逐渐显露。男孩开始长胡子，声音变得低哑；女孩的身形也丰满起来，具有更鲜明的女性特征，这些现象也可能引发青少年的误解。

成年挑战

对成年生活准备不足的孩子在面对职业、友谊、爱情和婚姻时会惊慌失措。他们对以后是否能应付这一切没有任何信心。在群体中，他们羞涩内敛，更喜欢待在家中一人独处。在工作上，他们对任何事都不感兴趣，觉得自己会把什么事都搞砸。爱情和婚姻上，他们与异性相处时表现窘迫，害怕见异性。如果有异性跟他们说话，他们就会面红耳赤，不知该怎么回答。一天又一天，如此下去，他们陷入了越来越深的绝望。

在极端案例中，这样的个体完全无法应对生活中的任何问题，也没人能理解他们。他们不愿看到别人，不愿说话，也不愿听别人说话；他们不工作也不学习，退缩到一个幻想的世界，只进行一些最本能的性活动。这就是精神分裂症的状态，一种诞生于错误中的状态。如果当初可以给这样的孩子以鼓励，指出他们的错误，并为他们指引一条更好的道路，这本来是可以治愈的。这一过程并非易事，因为需要纠正他们的全部成长经验。必须从更为科学的角度客观分析并看待他们的过去、现在和未来，而不是从他们的个人逻辑出发。

青春期的所有危机都源自对于人生三大任务的准备不足。如果孩子对未来感到担忧和悲观，自然想要寻求最不费力的办法去应对。但这些捷径根本没有用。这样的孩子越是被命令、被劝诫、被批评，就越是觉得如临深渊。我们越是推动他们，他们就越想后退。如果不能给他们以鼓励，所有试图帮助他们的努力都会成为错误，并更进一步摧毁他们。他们是如此悲观与恐惧，我们不能指望他们会自觉自愿地奋发图强。

青春期问题

被宠坏的孩子

许多青春期的"失败"者在童年时都是被溺爱的孩子，显而易见，对那些已经习惯由父母为他们做好一切的孩子来说，面对成年的责任会尤其艰难。他们仍然想要被宠着，但长大后却发现自己已经不再是世界的中心，于是感觉生活欺骗了自己，对不起自己。他们在温室中长大成人，外面的气候对他们来说太过苦寒。

留恋童年

这一阶段，有一些年轻人会表现出想要停留在孩提时代的倾向。他们甚至模仿婴儿咿咿呀呀说话，喜欢和比自己年幼的孩子玩耍，假装自己可以永远稚气下去。但绝大多数孩子会尝试以成人的姿态行动。他们不一定真的勇敢，却装出一副卡通版成人形象：男孩模仿各种男子汉行为，也许还会肆意挥霍，四处调情，拈花惹草。

小偷小摸

在更严重的案例中，孩子面对生活问题时，对自己的人生道路没有清醒的认识，性格却外向而且活跃，结果走上了犯罪的道路。如果他们干了坏事却没被发现，就更加会觉得自己足够聪明，肯定可以再次脱身。犯罪是逃离人生问题的捷径，尤其是在谋生方面。于是，在十四至二十岁间，违法犯罪的发生率猛增。同样，这里我们所面对的并非什么新鲜变化，而是在更大的压力下，童年生活方式中便已存在的毛病开始显露出它的獠牙。

神经质行为

对于不那么活跃和外向的孩子，逃避的捷径则是神经质，许多孩子正是在青春期开始患上官能失调和神经性疾病。每一种神经质的症状，都是在保有个人优越感的同时，拒绝解决某种人生问题的借口。在个体面对社会问题，却没有准备好用社会方式应对时，神经质症状就出现了。困难让人压力重重，青春期的生理体质对这些压力的反应特别敏感，所有器官都可能被刺激，并影响到整个神经系统。这也为犹疑不决和失败提供了另一种借口。不管是自省还是他人看来，这种状态下的个体都可以由于患病免于责任，于是便产生了神经质症状。

每个神经质患者都心怀最美好的意愿。他们承认社会情感与直面人生问题的必要性。只是在他们自己身上，这些被普遍认可需求并不适用，而他们的借口正是神经质。他们的整个态度都在说："我也急于解决自己的问题，可惜却无能为力。"相较通常来说罪恶企图相当明显的犯罪分子，他们的社会情感被掩盖和压抑住了。到底哪种人对人类利益更为有害，还真难判断。那些怀着好的动机的神经质患者，行为却刻薄、自私，挖空心思算计自己同伴；而犯罪分子的恶意虽然彰显无遗，却还要咬紧牙关泯灭人性。

矛盾的期待

这一时期,我们可以看到明显的形势逆转。那些被赋予厚望的孩子在学习和工作上遭遇失败,而那些之前看来资质平庸的孩子开始超过他们,并展现出出人意料的能力。这一现象与之前的事实并不相悖。那些原先看来前途无量的孩子也许害怕让人失望,从而背上了沉重负担。只要得到支持和赞赏,他们就会继续向前;但到了需要独自奋斗的时刻,他们就会丧失勇气,放弃挑战。而另一些人也许会受到新获得的自由鼓舞,看到了实现自己抱负的阳关大道。他们满脑袋都是新想法和新计划,创造力爆发,对人类生活各方面的兴趣勃发,热情洋溢。对这些勇往直前的孩子,独立意味着的不是艰难与失败的风险,而是取得成就与做出贡献的更广阔机遇。

寻求表扬和赞许

早年感觉被轻慢或被忽视的孩子,现在与同伴建立起较好的关系后,可能希望自己终于能被别人欣赏。他们中的许多人对赞扬的需求如饥似渴。男孩对表扬的关注固然相当危险,许多女孩更是缺乏自信,只有在别人的赞扬和欣赏中才能找到自己的价值。这些女孩很容易成为那些花言巧语的男人的猎物。我见过许多觉得在家中不得赏识的女孩,开始与人发生性关系。她们这样做,不仅仅是为了证明自己长大成人,也怀抱着终于能得到欣赏,成为他人关注中心的虚荣愿望。

举例来说,一名出生于贫困家庭的十五岁的女孩,有个从小就一直病弱的哥哥。母亲不得不将大部分精力放在哥哥身上,无法给女儿太多关注。此外,在她幼年时期,父亲也在生病,更进一步剥夺了母亲所能给予她的时间。

女孩因此很看重被关爱的意义，她一直渴望能得到关爱，却无法在家中获得。妹妹出生了，此时父亲已经康复，母亲有了充分的时间去照顾婴儿。于是，这名女孩觉得自己是家中唯一没有得到关爱和亲情的一个。她在家规规矩矩，在校也是最好的学生。由于她的成功，被推荐升学，进入了一所高中，但那里的老师都不了解她的情况。一开始，她无法适应新学校的教学方式，成绩一落千丈。在老师的批评下，她越来越灰心。她太急于得到赏识了，当发现自己不管在家中还是在学校都无人欣赏时，还能怎么想？

她开始寻找能欣赏自己的男人。尝试了几次后，她出逃与一个男人同居了两周。家人非常担忧，四处去找她。但不出所料，她很快发现仍然得不到真正的欣赏，于是开始后悔私奔。

她的下一步尝试是自杀。女孩给家里送了张字条，上面写着"别担心，我已经服了毒药。我很幸福。"实际上，她并未服毒，我们也能明白她为什么这么做。她知道父母其实是关心她的，觉得自己仍然可以博得他们的同情。她没有自杀，只是等着母亲过来找到她，带她回家。如果这名女孩也像我们一样，知道她的所有尝试都是为了得到欣赏，这些问题也许就不会发生。如果高中的老师了解她，可能也会避免这些问题。女孩过去的成绩一直非常出色，如果老师注意到她对赞扬的敏感以及对关爱的需求，她也不至于灰心丧气。

另一案例中，有一名女孩，出生于一个父母性格都很软弱的家庭。母亲一直想要生儿子，对女孩的出生很失望。她低估了女性角色的重要性，女儿也肯定深受影响。女儿不止一次偷听到母亲跟父亲说"这女孩长得一点也不漂亮，长大了没人会喜欢她"，或是"等她长大后，我们该拿她怎么办"。在如此恶意的氛围中生活了差不多十年后,她发现了一封母亲朋友的来信,信里对她母亲只有一个女儿表示同情,并安慰说她还年轻,还有机会再生个儿子。

不难想象这名女孩的感受。几个月后,她去乡下探望叔叔,在那里结识了一位智力低下的农村男孩,成了他的情人。男孩后来离开了她,她却在这条道路上越走越远。我见到她时,她已经有了一长串情人,却没能从任何一段感情中体验到被好好赏识的滋味。她来找我咨询焦虑症,现在她连独自出门都不敢。采用一种方式得不到赏识,她就尝试另一种。她用自己的病痛和遭遇压迫家人,没有她的允许谁都不能做任何事,并且还哭泣着以自杀相威胁。让这名女孩认清自己的处境是项艰难的工作,很难让她认识到,她在青春期时将摆脱被拒绝感受的重要性看得过重了。

青春期性欲

为了证明自己的成熟,男孩和女孩们都普遍过于看重和夸大青春期的性关系。比如,一名女孩要反抗自己的母亲,并一直认为自己被压制,就可能用滥交来表达抗议。她对母亲是否知道并不关心,如果能让母亲焦虑的话就再开心不过了。女孩在长期与母亲,或者还有父亲吵嘴后,迅速投入一段性关系的事例并不鲜见。那些女孩也许教养良好,是别人眼中的好姑娘,谁也不会想到她们会这么做。然而这些女孩并非本性不好,是她们对生活的准备尚不充分,她们觉得被忽视,不如人,而这似乎是唯一一种能够让她们获取强势地位的途径。

男性钦羡

许多娇生惯养的女孩会发现自己难以适应女性角色。我们的文化中，仍然经常存在男性高于女性的想法，于是这些女孩便讨厌成为女人。她们身上体现出的，就是我所谓的"男性钦羡"（masculine protest）。男性钦羡的体现多种多样，有时仅表现为对男性的厌恶和回避。有些女性虽然喜欢男性，但羞于与他们相处和交谈，也不愿参加有男人在场的聚会，对与性相关的话题都觉得尴尬。等年纪再大些，她们虽然经常号称自己盼望出嫁，却根本不去接触异性，和他们交朋友。

在青春期，对女性角色的厌恶有时会有更激烈的表达。女孩子们的行为举止比从前更男孩子气，她们努力模仿男孩，特别是他们干的坏事：抽烟，喝酒，骂脏话，加入帮派或是放纵情欲。她们常常辩解说，不这样就没男孩会喜欢她。

对女性角色的厌恶进一步发展下去，可能就会出现性行为偏差或卖淫行为。每一个卖淫者都是从孩提时期就坚信没人喜欢自己。她们认为自己生来低人一等，永远也不可能得到男人的真感情。不难理解，在这样的环境中，她们会选择自暴自弃，贬损自己的性角色，并仅仅将之视为谋生手段。这种对女性角色的厌恶并非是发生于青春期的新鲜事物。更多时候，我们能从这些女孩的幼年时期就发现她们对成为女性的憎恶，只是尚处童年的她们既没有需要，也没有机会表达她们的不喜欢。

表现出"男性钦羡"的并非只有女孩。所有将男性气概看得过高的孩子都会将成为男子汉当作理想，并怀疑自己是否足够强到能成为男子汉。这样一来，我们的文化附加在男孩子身上的男性气概压力和女孩同样沉重，对那些对自己的性身份并不完全确定的孩子更是如此。许多孩子都有好几年模糊地以为，在某时某刻自己的性别会发生改变。从两岁开始，所有儿童就应该确定地知道自己是男孩还是女孩，这一点至关重要。

长得像女孩子的男孩通常会有一段特别艰难的时光。陌生人有时会搞错他们的性别，甚至连家里的朋友都会对他们说："你真的应该是个女孩！"这些孩子很可能将自己的长相视为缺陷，将爱情与婚姻问题看作严峻的挑战。如果那些男孩不清楚这些因素对他们的性角色并无妨碍，他们在青春期就有可能会去模仿女孩。他们的行为举止都显得女性化，像一个被娇纵坏了的女子般地虚荣任性、卖弄风情。

我们的定型期

一个人对异性的态度的形成在四五岁时就开始了。性驱动力在婴儿期的最初几周中表现明显，但在有恰当的纾解渠道前，不应去加以刺激。性驱动力未被刺激的话，对于它的表现自然也无需大惊小怪。看到几个月大的婴儿研究自己的身体，抚摸自己，也没什么可担忧的，但我们应该利用影响力引导他们少关注自己的身体，多看看周边的世界。

但如果这些自我满足行为无法被阻止的话，就是另外一回事了。这种情况下，可以确定孩子有着自己的想法：他们并不是性驱动力的牺牲品，而是想利用它达到自己的目的。通常来说，幼儿的目的是赢取关注。他们察觉到父母的担忧和害怕，并且知道如何利用他们的感情。因此，如果他们的习惯不再能达到目的，吸引到关注，他们就会放弃。

触碰儿童时必须多加小心。父母和孩子间温暖的拥抱和亲吻没有问题，只要没有不恰当地激起孩子的生理反应。成年人回忆童年时，经常有人跟我诉说在父母的书架上发现黄色读物或是看了色情电影之后的感受。最好不要让儿童接触到这些图书和影片。如果不在性欲上给孩子以刺激，可以避免很多麻烦。

我们之前还提到过的另一种形式的刺激，就是不断向孩子灌输不必要也不恰当的性知识。许多成人似乎对性教育充满热情，担心孩子们在无知中长大。但我们反省一下自己和旁人的经历就知道，他们所预言的灾难过于危言耸听。最好是等到孩子对此感到好奇，并想要了解相关知识的时候，再进行性教育。即使孩子不说出来，关心孩子的父母也会察觉到他们的好奇。如果孩子与父母的关系融洽友好，他们会主动提问，而父母也应该用明白易懂的方式回答他们。

与此同时，建议父母在孩子面前尽量避免表现出过度的亲密行为。如果可能，不要让孩子和父母睡在一间卧室里，尤其是同一张床上，女孩最好也不要和兄弟同居一室。父母对自己孩子的成长必须予以充分关注，不该自欺欺人。如果他们都不清楚自己孩子的性格和发育，也肯定不会了解孩子们受到了怎样的影响。

期待青春期

将人类发育的某一阶段赋予重要的个人意义，并将其视作关键的转折点是普遍现象。几乎在所有流传广泛的迷信中，青春期都是一个非常特别而奇妙的阶段，绝经期也同样被如此看待。然而，这些阶段其实并没有显著的变化，它们仅仅只是生活发展的延续，其所呈现的现象并不具有重要意义。重要的是个体期望在这些时期得到什么，是他们赋予这一阶段的意义，以及去学习如何面对。

青春期来临时，孩子们常常受到惊吓，表现得如临大敌。如果我们能正确解读这一反应，就会看出，他们所担心的根本不是青春期的生理变化，而是社会环境要求他们对生活方式的调整和改变。普遍存在的问题在于，他们将青春期看作一切的终结，他们所有的价值都随之而去。他们不再有权利去合作与奉献，没人再需要他们。所有青春期的问题都源自这类情感和担忧。

如果孩子学会将自己看作社会成员中平等的一分子，明白自己贡献社群的责任，特别是学会将异性视为平等的同伴，青春期会给予他们发挥创造力的机会，他们将能够独立自主地寻找解决成年生活问题的答案。但如果他们自觉低人一等，如果他们对自身的处境有所误解，那么面对青春期带来的自由时就会不知所措。有的孩子在有人时时刻刻强迫他们去做该做的事情时能够完成，可一旦被留下独自面对问题就会迟疑失败。这样的孩子只适合被支配，自由让他们无所适从。

第九章
犯罪及其预防

他们想成为关注的对象,并总是对外界有所期待
如果找不到达成愿望的捷径,他们就会归罪于其他人、其他事

了解犯罪心理

个体心理学能帮助我们认知各种不同类型的人，并了解到，尽管多样，但人类之间并没有太大差异。例如，我们发现罪犯行为中显示出来的失败模式，与问题儿童、神经质、精神病、自杀者、酒鬼和性变态者身上所存在的并没有显著差异。他们都在处理人生问题上遭遇了失败，并且在某一点上，他们的失败几乎毫无二致——所有人都对社会失去了兴趣，对人类伙伴的命运毫不关心。但即使这样，我们也无法将他们从人群中明确地分辨出来。没人可以被树为完美的合作精神与社会情感的典范，犯罪分子与其他人的不同，只是在共同失败上程度不同而已。

人类的优势追求

要了解犯罪分子，最重要的一点是知道：我们都想要克服困难，我们都在追求达到一个能让我们感到强壮、优越、圆满的目标。在这一点上，我们和其他人完全相同。这一倾向被指为对安全感的追求不是没有道理。还有人将它称作自我保全，但不管如何命名，我们发现这一主导性主题贯穿在每一个人的生命中——从卑微到优越、从失败到胜利、从低位到高位的奋斗。它始于幼年，并将一直持续到生命的最后。生活就是生存于这颗星球的地壳上，不断地努力跨越障碍、克服困难。因此，发现犯罪分子也持有这样的哲学时，并不出人意料。

犯罪分子表现出的行为和态度中，最明显的就是努力去占领优势地位，去解决问题，去克服困难。但他们之所以是犯罪分子，不是因为追求本身，而是追求的途径。如果我们认识到，正是由于他们不能明白社会生活的要求，不关心人类幸福才会走上错误路径，就会发现他们的行为相当好解释。

环境、遗传和改变

我必须特别强调这一点，因为有人持相反观点，他们将犯罪分子排除在普通人群之外，认为他们完全异于常人。例如，有些科学家声称，所有罪犯都是弱智。也有人极端强调遗传的作用，他们认为犯罪分子生来奸邪，不可避免会犯罪。还有人说："一日失足，终身都是罪犯！"有相当多的证据可以用来驳斥这些观点。更重要的是，如果我们认同他们的主张，就绝无可能解决犯罪问题。我们希望能尽快解决这一人类毒瘤。历史告诉我们，犯罪总是带来灾难性后果，我们现在迫切想要对其采取行动，而不是对这一问题轻描淡写地说一句："这都是天生注定的，我们无能为力。"

我们的环境和遗传都没有任何决定性的力量。同一家庭、同样生长环境里长大的孩子可能走上完全不同的发展道路。犯罪分子有时出自操守清白的家庭。而在那些声名狼藉的家庭里，虽然常有人被送进监狱或感化院，也仍然会出现品行良好的孩子。况且，有些犯罪分子后来会改过革新，而犯罪心理学家也经常难以解释，为何有些窃贼会在三十岁后突然金盆洗手，变成遵纪守法的公民。如果犯罪倾向是与生俱来的缺陷，或者植根于一个人的童年环境，就很难解释这一变化。但是在我们看来却不难理解：一个人处于较佳的境遇中时也许就会发生改变，当不再承受过大的压力时，过去生活方式上的错误也不会再出现；或者他们已经从罪行中获得了想要的东西，犯罪也就失去了意义；又或者是他们年纪太大了，不再适合干这一行，当他们的关节僵硬，行动也不再敏捷，自然也不能再行窃了。

童年影响与罪犯的生活方式

我们改造罪犯的唯一方法，是研究他们在童年时期的遭遇，找出是什么事情阻碍了他们学会与人合作。个体心理学在这一晦暗不明的领域进行了一些探索，现在我们的认识清晰了许多。到五岁时，儿童的心理就已经成型：他们性格的各个条线被整合到了一起。遗传和环境对他们的发育有所作用，但我们却很少关心孩子给世界带来了什么，他们的经历和遭遇，以及他们如何吸收经验，如何记忆，如何应对。我们对遗传而来的能力或残障一无所知，因此从以上角度入手进行调查研究才是最重要的。我们所需考虑的，只有他们的处境可能造成的后果，以及他们的应对方式。

如果要为所有犯罪分子开脱，那么唯一可用的辩护词就是：他们虽然具备一定的合作能力，却不足以适应社会的要求。这一问题的首要责任落在父母身上。父母必须了解怎样拓展孩子的兴趣，怎样让他们的兴趣延伸到他人身上。他们必须让孩子对整个人类物种和他们的未来发生兴趣。然而，有些父母也许根本不想让孩子对别人有兴趣。也许他们婚姻不幸，夫妻反目；也许他们打算离婚，或是彼此妒恨；也许一方想要独占孩子的感情和兴趣。他们娇纵孩子，宠溺孩子，不给孩子一丁点儿独立的机会。这种境遇显然会限制孩子在合作上的学习和进步。

在社会兴趣的培养上对其他孩子的兴趣也很重要。如果一个孩子是父母中一方的宠儿，家中的其他孩子就很可能对他不那么友好，将他（她）排斥在群体之外。孩子如果对这一境遇产生误解，便可能成为其犯罪生涯的起点。家庭中如果有一名出类拔萃的孩子，不如他（她）的往往就可能成为问题儿童。而如果家中的次子女更为合群而且讨人欢心，哥哥姐姐便会感到缺乏温情。这样的孩子很容易欺骗自己，固执地认为自己不受重视。他会寻找证据证明自己的正确，行为也变得越来越糟糕。他因此受到更为严厉的对待，于是更进一步证实了自己的想法：他是被打压、被弃如敝屣的那个。由于感受到自己的失落，他开始偷窃，被逮住，被惩罚，从而也就有了更多的事实向自己证明，没有人爱他，每个人都与他为敌。

父母在孩子面前抱怨时运不济或处境艰难的话，可能会引起孩子在社会兴趣培养上的障碍。老是对亲戚和邻居横加指责，说三道四，流露出恶意与偏见也会有同样的影响。无怪乎他们的孩子长大后，会对自己的人类伙伴抱有扭曲的看法，如果最后他们调转过来为害自己的双亲，那也毫不奇怪。在社会兴趣被阻断的地方，自我中心就膨胀起来。孩子们会问：为什么我得为别人服务？如此胸襟让他们无法解决生命中的问题，也就必然会犹疑踌躇，想要寻找最便捷的出口。他们发现斗争险恶，因此即使伤害别人也无所谓。既然这是一场战争，就应该不惜一切。

为了更好地追溯犯罪的发展形态，让我们举个例子。在一户家庭中，次子是问题少年。就我们看到的情况，他很健康，也没有遗传上的残障。长子是家中的宠儿，弟弟总是得努力追赶兄长的成就，就好像在进行一场赛跑，时刻想要超越领先的选手。他的社会兴趣没有得到发展——他极其依赖母亲，想要垄断她的所有感情。与兄长的竞争是件艰难的任务，兄长是班级里的佼佼者，而他自己则成绩垫底。

他对控制和支配的欲望显而易见，他惯于对家中的老女仆发号施令，驱使得她团团转，把她当士兵一样操练。女仆很疼爱他，即使他已经二十岁了，还是让他扮演首领。他对自己需要完成的任务常常感到焦虑和畏惧，以致一事无成。反正他面临窘境时，虽然不免遭受责备和挑剔，但总能从母亲那儿要到钱。

突然间，他结婚了，这也让他的处境更为艰难。但他唯一在意的，是自己比兄长早结婚，并将此视作一次伟大胜利。这显示出他其实对自身价值看得非常低，竟然想要通过如此荒唐的办法获胜。他对婚姻准备不足，和妻子争吵不休。母亲再也无力像以前那样资助他后，他订购了几架钢琴，没有付款就将它们倒卖了出去，因此身陷囹圄。从这一案例的发展过程中，我们可以从他幼年时就观察到他往后道路的根源。他在兄长的阴影下成长，如同一棵被大树遮挡住的小树。从与天性温和的兄长的对比中，他觉得自己受到了轻视和忽略。

另一个例子是一名十二岁的女孩，雄心勃勃而且深得父母的宠爱。她极其嫉妒自己的妹妹，无论在家中还是在学校都要与之较劲。妹妹一旦得到什么好处，她就马上跳起来要求更多糖果或金钱。一天，她从同学口袋里偷钱被发现，并被惩罚了。幸运的是，当时我正好在场，帮她分析清楚了整体处境，让她不再觉得自己及不上妹妹。与此同时，我向她的家人也做出了解释，他们想办法制止了攀比，并尽量避免给她留下小女儿更得欢心的印象。这件事发生在二十年前，这名女孩现在是一位诚实的妇女，有了自己的丈夫和孩子，并且从那以后再也没有犯过大错。

犯罪人格的构成

在第一章中我们讨论了儿童成长中的几种尤其关键的处境，就这一点我想要再简单概括一下。如果个体心理学的理论成立，只有透过犯罪现象的表层看到这些处境产生的影响，才能真正引导他们回归合作行为，所以这一点值得再三强调。儿童所面临的三种主要困难处境是：第一，有生理残障的儿童；第二，被宠坏的儿童；第三，被忽视的儿童。

通过亲自接触到的犯罪分子以及在图书报章上读到的案例描述，我尝试去分析犯罪人格的构成，并发现个体心理学一直是深入理解的关键手段。让我们再进一步描述一些案例：

1. 康拉德·K（Conrad K）的案例。康拉德·K与人协力杀害了自己的父亲。父亲对这名男孩漠不关心，对家中所有人都残酷暴虐。男孩曾经还过手，就被父亲送上了法庭。法官说：你的父亲品德低下，而且好争吵，我也没有办法。

注意，在这里，法官本人给男孩提供了一个借口。家人想要解决这一麻烦，却徒劳无果，从而陷入绝望。后来，父亲带来一名放荡的女人和他同居，并将儿子赶出家门。这时，儿子结识了一名热衷于弄瞎母鸡眼睛作乐的散工。散工建议他将父亲杀掉，想到母亲他犹豫了，但家里的情况越来越糟糕。深思熟虑后，男孩下定决心，在散工的帮助下，杀死了父亲。

从这一案例中可以看到，儿子没有能力将自己的社会兴趣延伸到哪怕是自己的父亲身上。他仍然深深依恋着母亲，将她看得极为重要。在他身上残留的社会兴趣土崩瓦解前，需要有人给他较为温和的解决建议。只是在得到那名散工的支持后，再加上他对暴力手段的激情，他才说服自己去犯罪。

2. 玛格丽特·茨旺齐格（Margaret Zwanziger）的案例。她的绰号是"投毒女死神"。她是一名弃婴，矮小而且畸形。个体心理学认为，这种处境会刺激她走向虚荣并急于获取他人的关注。确实，她待人总是彬彬有礼得近乎讨好。

经过许多次令人绝望的努力后，她尝试三次毒死其他女人，想要将她们的丈夫据为己有。她觉得自己一无所有，没有其他手段来"讨回属于自己的东西"。为了控制住那些男人，她还试过假怀孕和自杀。在自传里，她的供词不经意地证明了个体心理学的观点，但她自己却并没有意识到："我想，反正我做任何坏事都没人同情，那又何必去操心别人是不是难过呢？"

从这些话语里，我们可以看出她是如何走向犯罪，激励自己，并给自己寻找借口的。我在建议人寻求合作并将兴趣关注点放在他人身上时，经常会听到这样的回答："可别人对我一点兴趣都没有！"

我的回答一如既往：总要有人首先开始，别人是否合作与你无关。我的建议是，不要担心别人是否合作，去做。

3. NL的案例。长子，在糟糕的环境中长大，他瘸了一条腿，像父亲一样抚养弟弟长大。从这样的兄弟关系中我们也能看出对优势地位的争夺，尽管可能一开始是为了弟弟好。然而，这也许也是出于骄傲和炫耀的欲望。后来，他将母亲赶出家门，让她去乞讨，告诉她："滚出去，你这个老妖婆！"

我们应该可怜这孩子，他甚至对母亲都没兴趣。如果知晓他童年的情形，我们应该可以了解他是怎样走上犯罪道路的。他失业了很久，没有钱，还得了性病。一天，在又一次找工作无功而返的路上，为了剥夺弟弟那点微薄的收入，他杀死了弟弟。我们从此处看到了他合作意愿的极限——失业，没收入，染上性病。每个人都有这样一条底线，超出这个底线，就会感到无力并难以为继。

4. 一名早年失去双亲的孤儿被养母娇宠无度，结果他自然成了一名被宠坏的孩子，进而影响到了以后的成长。他在生意上十分精明，总是想要令所有人佩服，总是想做最好的那个。养母支持他的野心，对他深信不疑。他成了一名撒谎者和骗子，不择手段骗取金钱。他的养父母属于凤毛麟角的贵族阶层，于是他端起贵族风范，将他们的钱财挥霍一空，把他们赶出了家门。

教养不当和溺爱让他不务正业。他的人生目标就是用谎言和欺骗征服所有人。养母将他看得比自己的孩子和丈夫更重。这样的待遇让他错以为能够为所欲为，但他对自身价值的轻视，还是显示出他觉得自己无法通过正当途径获得成功。

犯罪、疯狂和怯懦

进一步阐述前，我想先驳斥那种认为所有犯罪分子都是疯子的观点。犯罪的有精神病患者，但他们的罪行性质完全不同。我们不能让他们承担罪犯应负的责任：他们犯罪是由于我们对他们的理解完全失败，并采取错误方式对待的结果。

同样需要排除的，还有那些弱智者，他们只是在幕后指使的真正罪犯手中的工具。他们通常心智简单，被别人植入他们脑海中的光辉图景和丰盛收获激发起贪婪和野心，而幕后操纵者则藏身暗处，唆使他们容易上当受骗的牺牲品去实施犯罪并承担被惩处的风险。当然，年幼者被年长者利用犯罪也是同样的性质。策划罪案的是经验丰富的犯罪分子，而被教唆犯下罪行的却是儿童。

所有犯罪分子都是胆小鬼。他们逃避那些自己无法解决的问题。他们面对生活的态度以及他们所犯下的罪行都暴露出他们的怯懦。他们藏身于暗处和僻地，对毫无防备的受害者发起攻击，在受害者自卫反击前拔出武器。犯罪分子觉得自己很英勇，但我们不能认同这一点。犯罪是胆小鬼对英雄的拙劣模仿。他们追求的是虚构的个人优越目标，以为自己就是英雄，但这仍然是他们对生活的错误看法，是常识上的失败。我们知道他们是胆小鬼，如果他们知道我们的看法，一定会感到震惊。他们以为自己在与警方斗智斗勇，常常觉得"他们永远也抓不到我"，这让他们的虚荣心和骄傲滋长膨胀。

不幸的是，对所有犯罪类型的仔细研究表明，他们中有人确实犯了罪却逍遥法外，这一事实令人遗憾。等到他们落入法网时，会觉得"这次是我不够聪明，下回一定会瞒过他们"。如果果然得以脱身，他们就觉得自己达到了目标，觉得自己高高在上，被同伴们崇拜赞赏。粉碎那些广为流传的关于犯罪分子的神勇与机智的神话极为重要，但我们首先应该从哪里入手？这类工作在家中、在学校、在拘留所都可以开展，后文中我将描述最佳的出击点。

犯罪类型

你们会发现犯罪分子有两种类型。有一种虽然知道世界上存在同舟共济的伙伴关系，却从未体验过。这样的犯罪分子对他人抱有敌意，他们感到被排挤、被轻视。另一种则是被宠坏了的孩子，我在犯人的供词中经常看到这样的抱怨："我走上犯罪道路源于母亲对我的过分纵容。"这一点值得详细阐述，但在这里只是强调一下，从各方面来说，犯罪分子都没有被正确抚育成长，并培养起合作精神。

父母也许想让孩子们成为社会的好公民，却不知道如何去做。

独断和严厉并不能让他们取得成功。溺爱孩子、让他们处于世界的中心，这样的境遇会让孩子把自己看得太重要，不愿花费丝毫努力去赢得别人的好感。因此，这样的孩子丧失了持续努力的能力，他们想成为关注的对象，并总是对外界有所期待。如果找不到达成愿望的捷径，他们就会归罪于其他人、其他事。

一些案例史

现在，让我们分析一些案例，看看是否能从中找出这些因素，尽管这些文字并不是为了给我们提供样本而写的。我将讨论的第一个案例来自格卢克夫妇[1]所著《犯罪生涯五百例》（*Five Hundred Criminal Careers*）中的"百炼金刚约翰"（Hard-boiled John）。这名男孩解释了他犯罪生涯的起源：

"我从未想过自己会自甘堕落。直到十五六岁时，我还和其他孩子没什么两样。我喜欢运动，参加体育比赛。我从图书馆借书看，懂事明理，一切都不错。然后，我的父母让我退学，逼我去工作，还要拿走我全部薪水，每周只给我五角钱。"

此处，他提出了控诉。如果询问他和父母的关系，如果可以公正、完整地了解到他的家庭状况，我们也许可以知道他真正经历了什么。但现在，他的供词只能证实他与父母关系不睦。

"我工作了大约一年，然后开始和一个女孩约会，她喜欢享乐。"

我们经常在犯罪生涯中看到类似的经历：他们爱上了一名贪图

---

[1] 格卢克夫妇，谢尔登·格卢克（Sheldon Glueck，1896—1980）和埃利诺·格卢克（Eleanor Glueck，1894—1972），美国著名的青少年犯罪学家。

享乐的女孩。我们之前提到过，这是一个能考验合作深度的问题。他与一名贪图享乐的女孩交往，一周却只有五角钱。难以想象这是对爱情问题的真正解决办法。天涯何处无芳草，他却没能走上正轨。如果我遇到同样的情况会说："如果她只是想快活，那就不是我想要的女孩。"每个人对生活中每件事的轻重各有判断。

"如今，就算在镇上，靠着每周五角钱，你也不可能让一个女孩过上好日子。老头子不肯再多给我钱，我很气愤，心头总惦记着怎样才能弄到更多钱。"

正常的想法一般是"如果四处找找工作，也许可以挣到更多的钱"，但他却只想走捷径。同样，他想要一个女朋友也只是为了自己快活，不求更多。

"一天，来了一个男人，我认识了他。"

一个陌生人出现，这是对他的又一重考验。一名有着正常合作能力的男孩不会被引入歧途，但这名男孩却处在危险的道路上。

"他是个很聪明的贼，精明，有本事，经验丰富，而且还会跟你'分享'，不会背弃你。我们在这个镇上干了许多活都没被逮住，从此我正式加入了这场游戏。"

据说他的父母有自己的房子。父亲是工厂里的工头，勉强能够维持整个家庭。他们家有三个孩子，在他走上歧途前，家中没人有过违法记录。我很好奇，那些相信遗传因素的科学家会如何解释这一案例。这名男孩承认，十五岁时他就有了首次异性性关系。肯定有人会说他纵欲，但这男孩对他人没兴趣，完全只是为了寻欢作乐。实际上，他是在用这种手段寻求赏识——他想成为性感英雄。

十六岁时，他和同伙在入室盗窃时被捕。他表现出的其他兴趣证实了我们的分析。他想表现出一副成功人士的模样来吸引女孩子们的关注，在她们身上花钱以获取她们的芳心。他戴着宽檐帽、红色领巾，皮带上还扣着把左轮手枪，简直就是西部不法之徒的翻版。他是个虚荣的男孩，想要展现英雄形象，却没有其他手段。他一口承认了所有被指控的罪行，并且声称"还有许多"。他对他人的财产权毫不顾忌。

"我觉得生活毫无价值。对于普遍的人性，我只有极端的蔑视。"

所有这些看上去有意识的思考其实是无意识的，他并不明白当中真切的含义。他感到生活就是负担，却不知道自己为何如此灰心丧气。

"我学会了不要相信别人。他们说小偷之间不会互相欺骗，但其实会。我曾经有过搭档，对他也很不错，他却对我使坏。"

"如果有了想要的钱，我会跟其他人一样诚实。就是说，我的钱要多到可以不干活也能想干吗就干吗。我从来就不喜欢工作，我讨厌它，也绝不会去工作。"

上述这点可以做如下解释：我的犯罪生涯是被逼出来的。我被迫压抑了自己的欲望，所以成了名罪犯。这是一个值得再三探讨的观点。

"我从不以犯罪为乐，但当你开车去到某个地方，干上一票，然后扬长而去时，那种感觉确实很爽。"

他认为自己是英雄，殊不知那其实是懦夫的行为。

"之前我被抓到过一次。那时我身上有价值一万四千美元的珠宝，却因为愚蠢地想要换现金去见我的姑娘，被逮到了。"

这些人在女孩身上花钱，然后轻松获得回报。他们还以为这是真正的性征服。

"监狱里有学校，我打算竭尽所能去接受教育——不是为了改造自己，而是要让自己对社会更有威胁。"

这是对人类恨意深重的表达，但他确实不想与任何人再有关系。他说："如果有儿子，我会拧断他的脖子。你以为我会对将一个人带进这个世界而负疚吗？"

那么，对这样一个人，我们该怎样去改造？我们只能向他证明，他仍然具备合作的能力，并向他指出在估量生命时他所犯的错误。只有回溯过往，找到他幼年时期即已形成的误解，才能说服他。不知道这个案子里的人后来是怎么做的，但案例描述中并没有指出我认为极为重要的几点。他童年时一定发生了什么事情，让他对人类充满敌意。如果要猜的话，我猜也许他是长子，和许多长子一样被寄予厚望。后来，另一个孩子出生了，这让他感到被抛弃。如果我猜对了，你就会发现，即使是这样微不足道的小事也能阻碍合作精神的培养。

约翰进一步评论说，他被送进感化学校后，遭到了粗暴对待，结果他带着对社会的强烈仇恨离开了学校。关于这一点我必须说几句。从心理学角度来说，监狱里对犯人的粗暴对待都可能被解读为一种挑衅，一场对力量的考验。同样，如果犯人老是听人喋喋不休地宣传"我们必须打击阻止犯罪浪潮"，他们也会将之视为挑战。他们想当英雄，还巴不得承受严刑拷打。他们觉得社会是在向自己挑衅，也就怀着更坚定的决心继续坚持。对于觉得自己在与整个世界作战的人，还有什么比发出战书更令他们兴奋的呢？

对问题儿童的教育也同样如此，挑战他们是最糟糕的错误。"让我们看看谁更厉害！看看谁能笑到最后！"这些孩子和犯罪分子一样，沉醉在自己的强大中，并且知道，如果足够聪明就能逍遥法外。监狱和拘留所的员工向犯人发起挑衅是一种极为有害的策略。

现在，我们来分析一名被判绞刑的杀人犯的案例。他残忍地杀害了两个人，在作案前，他写下了自己的心声。这给了我们一个了解犯罪分子怎样在脑海中谋划犯罪的机会。没盘算好前，不会有人去作案，而在他们的计划中，通常都包含有对自己行为的辩护。在所有这类自白文字中，我从未见过一件能简单明了地描述犯罪的案件，也没有一个犯罪分子不努力为自己的罪行开解。

从这里我们可以看出社会情感的重要性，即使犯罪分子也必须向其服从妥协。与此同时，他们必须泯灭自己的社会情感，打破社会兴趣的藩篱，才能去实施犯罪。在陀思妥耶夫斯基的《罪与罚》中就是如此，主人公拉斯科利尼科夫在床上躺了两个月，考虑是否去杀人。他靠对自己质问"我是拿破仑，还是一只虱子"来鞭策自己。犯罪分子靠这样的幻想自我欺骗，自我激励。事实上，所有犯罪分子都知道，他们过着对社会无益的生活，也知道什么才是有用的生活。然而出于怯懦，他们拒绝有用的生活，而怯懦则是因为他们缺乏成为有用之材的能力。解决生命中的问题需要进行合作，他们对合作却一窍不通。之后，在想要逃脱自己的罪责时，我们会看见他为自己辩护，想要博取宽容，"他有病"或是"他没工作"，等等都被拿来当作借口。

以下是这名杀人犯的日记节选：

"我被自己人背弃，成为唾弃和鄙视的对象（他天生鼻子畸形），被自己的悲惨遭遇压得喘不过气来。没有什么能阻止我。我无法再忍受了。我也许可以听天由命，但肚子，空空的肚子却不这么认为。"

他开始为自己辩解：

"有人预言我会死在绞刑架上，但我想，要么饿死，要么被绞死，又有什么区别呢？"

另一案例中，一名孩子的母亲对他预言："我能肯定你总有一天会掐死我。"等到他十七岁时，却掐死了自己的姨母。预言和挑畔有着同样的后果。日记里他继续写道：

"我不在乎后果。反正我会死。我什么都不是，没人想理我，我想要的女孩也躲着我。"

他想要吸引那位女孩的注意，却没有时尚的衣着，也没有钱。他将女孩看作自己的所有物——这是他对爱情和婚姻问题的解决方案。

"反正都一样，我要么得到救赎，要么彻底毁灭。"

尽管缺乏足够的篇幅做进一步解释，我还是要说，这些人都表现出了两极化或是矛盾对立，就像孩子一样。正如"饿死或绞死""救赎或毁灭"，要么是全部，要么一无所有，只能在两个极端中选择一个。

"星期四的一切都计划好了，下手的对象也已经选好。我在等待时机。到时候，将会发生一件少有人能完成的事。"

他是自己的英雄，"这很可怕，不是每个人都能做到的。"他趁其不备拔刀刺死了一个男人，确实不是每个人都能这么做！

"就像牧羊人驱赶着羊群，饥饿驱使着人犯下最邪恶的罪行。也许我再也见不到明天，但无所谓。最糟糕的莫过于忍饥挨饿。我被不可治愈的病痛吞噬，我的最终考验将是面临审判之时。犯罪必须付出代价，但那种死法也好过挨饿。如果因饥饿而死，没人会多看我一眼。现在人群涌来观看对我的行刑，也许会有人为我难过呢。既然下了决心，就要将它完成。没人像今夜的我一样害怕。"

可他并不是自己想象中的英雄！在法庭诘问中他说："尽管没有刺中他的心脏，我还是杀死了他。我知道自己会被绞死，但那个人的衣服太漂亮了，我知道自己永远也不可能有那样的衣服。"他再也不声称饥饿是他的杀人动机了，现在坚持说是衣服诱使他犯罪。他申诉说："我不知道自己在干什么。"辩解的形式各不相同，但你总能看到类似的说法。犯罪分子有时将自己灌得酩酊大醉才去作案。这些事实都恰好证明，他们为打破社会兴趣的禁锢进行过多么艰难的挣扎。我相信，在所有犯罪案例描述中，我都能找到前面指出过的各种要点。

合作的重要性

现在，让我们回到前面的主题：犯罪分子和所有人一样，都在追求胜利，追求达到优势地位。但这些目标各不相同，犯罪分子的目标总是私人的、个体感受上的优越。他们所追求的对他人毫无贡献，他们不合作。社会需要它的所有成员为共同利益做出贡献，并能够合作共赢，我们彼此间也同样需要互利。犯罪分子的目标里没有对社会的益处，这也是所有犯罪中极其重要的一面。我们接下来可以看到这一面的形成过程。在此我想明确，如果想要了解犯罪分子，最重要的就是观察他们合作失败的程度和性质。

犯罪分子的合作能力各不相同，有些人的失败不算严重。有些只犯些偷鸡摸狗的小罪，从不逾越一步；而有些则更青睐大恶。有些是头领，有些是跟班。要想明白犯罪的各种类型，必须对个体的生活方式进行具体分析。

性格、生活方式和三大任务

在四五岁的儿童身上，我们可以发现一个个体的主要性格特征。由此可以推断，性格是很难发生改变的。这是一个人的特性，只有认识到性格形成时发生的错误才能改变性格。于是我们就会明白，为何不管被惩罚多少次，在被羞辱、被唾弃、被剥夺社会所能提供的一切美好事物后，犯罪分子仍然屡教不改，一次又一次重蹈覆辙。

驱使他们犯罪的，并非经济上的困境。如果时运艰难，人民又被压迫得厉害，犯罪率确实会增加。统计数据表明，有时犯罪案件的增加同步于麦子价格的增长。然而，经济形势导致犯罪并非必然规律，它更多的是众多人的行为被严格禁锢的征兆。他们的合作能力有限，当到达或超出这些极限时，就无法再做贡献，一旦失去了最后残存的一点合作意识，他们就会走向犯罪。其他方面也是如此，我们见过许多境遇优渥的人，在面对始料未及的问题时也可能走上犯罪道路。这是他们的生活方式，是他们面对问题的方式，这一点很重要。

在个体心理学的全部研究基础上，我们终于得以弄清一个简单的道理：犯罪分子对他人不感兴趣。他们的合作止步在一定程度上，当合作精神消耗殆尽，他们就会去犯罪。当一个无法解决的问题出现时，就成了压垮骆驼的最后一根稻草。思考一些关于生命的大问题很有意义，但犯罪分子却无法成功解决这些问题。最终看来，我们生命中的所有问题都是社会问题，别无其他，而这些问题只有在对他人感兴趣的基础上，才可能得到解决。

我们在第一章中简略提到过，个体心理学让我们将生命问题划分为三个部分。第一部分是与他人的关系问题，也就是伙伴关系。犯罪分子有时也有朋友，但只限于自己的同类。他们可以组织黑帮，甚至还能彼此忠诚，但他们的活动范围显然限定得很狭小。他们无法与社会大众、与普通人交朋友。他们表现得如同一群身处异乡的陌生人，不知道如何与他人轻松相处。

第二部分是所有与工作相关的问题。很多犯罪分子被问及这类问题时会回答："你不知道这儿的工作条件有多糟糕。"他们觉得工作不如意，却不愿像其他人一样与困难斗争。一份有用的职业意味着一份对他人的兴趣，并造福于他人，而这恰恰是犯罪分子性格中所缺乏的。合作精神的缺失在早年就显现出来，因此大部分犯罪分子面对工作的要求时都措手不及。大部分犯罪分子都是不专业不熟练的工人。如果回顾他们的人生，就会发现，在学校期间，甚至在入学之前，障碍就已经存在，他们关闭了兴趣的开关，不愿进行合作。合作必经教授才能学会，而这些犯罪分子却从未接受过与合作相关的培训。因此，他们无法解决工作问题的责任并不在他们自己身上。如果非要要求他们这样做，就好比让一个从未学过地理的人去参加地理考试，我们收到的要么会是错误答案，要么就是白卷一张。

第三部分是所有与爱情相关的问题。一段美好而且有结果的恋爱需要彼此间兴趣相当与精诚合作。有半数被送进监狱或拘留所的犯罪分子承认患有性病，这很能说明问题。这一现象也许说明他们想要寻找解决爱情问题的捷径。他们将恋爱的对象仅仅看作一件私有财产，我们常常还看到，他们以为爱情可以买到。对这些人来说，性只与征服和获取有关，他们寻求的是占有他人，而不是终身伴侣。许多犯罪分子都说："如果不能得到想要的一切，生命还有什么意义？"

生命的三个问题中，缺乏合作是一项重大缺陷。每天、每时、每刻，我们都需要合作，我们的看、说、听都能体现出合作能力的高低。如果我观察无误的话，犯罪分子在看、说、听上都异于常人。他们使用另一套语言，他们的智力发展也很可能因为这种差异而存在缺陷。我们说话是想让每个人都理解。理解本身就是一种社会功能，我们给言辞以共同的解读，我们的理解也和其他人的理解一致。然而对犯罪分子来说不是这样。他们有着私人的逻辑、私人的智力，在他们对自己罪行的解释中可以清晰看出这一点。他们不傻，心智上也没毛病。如果处于心目中虚构的个人优越地位，他们经常能得出相当明智的结论。

一名犯罪分子说:"我看到一个男人的裤子很不错,我却没有,所以必须杀死他。"如果我们顺着这些犯罪分子的逻辑,认同他们的欲望重于一切,他们不需要努力谋生,他们也许很有道理,但他们的结论并非共同认识,也就是常识。匈牙利有一桩案子,几个女人被指控进行了多起投毒谋杀。她们中的一个被送进监狱时说:"我儿子生病又没有工作,我只能毒死他。"如果她放弃合作,还能有什么选择?她有知识,但她看问题的方式与众不同,对人生的看法也不同。于是,那些贪恋某一事物,想轻松要得到它的犯罪分子会得出怎样的结论可想而知。他们必须从一个充满敌意的世界,一个他们没有任何兴趣的世界里夺走它。引导他们这样做的是被误导的生命观,是对自身重要性和他人重要性的错误评估。

合作的早期影响

在此我们将探讨一些可能导致合作失败的环境。

家庭环境

父母有时有着不可推卸的责任。也许他们经验不足,无法让孩子与他们合作;也许他们表现得仿佛一切都万无一失,拒不接受别人提供的帮助;或者他们本身就不具备合作能力。在不幸或破裂的婚姻中,常常可以见到合作精神未能正当成长的案例。儿童建立起的第一条纽带是与母亲相连,有可能母亲不愿拓展孩子的社会兴趣,将父亲、其他孩子或成人吸收进来。

又或者，孩子本来觉得自己是全家的中心，等到三四岁时，新的宝宝出生了，让先出生的那个孩子觉得遭到了打击。他们的地位不保，于是拒绝与母亲或弟妹们合作。这些都是需要考虑的事实，而且如果追溯犯罪分子的生命轨迹，几乎总能发现麻烦产生于他们的早期家庭经历。造成麻烦的并非环境本身，而是他们误解了自己在家中的处境，身边也没人向他们解释情况。

家中有一个特别优秀或是天赋出众的孩子的话，其他孩子的生活总是会比较艰难。优秀的孩子吸引了大部分关注，让其他孩子觉得气馁和挫败。于是其他孩子不愿合作，他们想要竞争，却缺乏自信。我们经常看到一些孩子不幸的成长经历，他们生活在别人的阴影下，没有人告诉他们可以运用自己的才能去争胜。犯罪分子、神经质或自杀者中常有这些人的身影。

缺乏合作精神的孩子上学后，进校第一天，这一个缺点就会在他们的行为上显现出来。他们无法与其他孩子交朋友。他们不喜欢老师，上课不认真，也不听讲。如果得不到细心的理解对待，他们可能会再次遭受打击。他们经常受到批评和责备，得不到鼓励或是有关于合作的教导。他们会觉得上课越来越让人讨厌真是一点都不奇怪！如果他们的勇气和自信不断遭受新的打击，自然无法对学校生活发生兴趣。我们经常在犯罪分子的人生中看到这样的例子：十三岁左右的他们被编入慢班，总是被指责愚蠢。这样的处境危及他们的余生。他们逐渐丧失了对他人的兴趣，追求方向也越来越偏向于生活无用的一面，一步步走向反社会或不良事物。

贫穷

贫穷也给错误解读生活提供了借口。来自贫困家庭的孩子在外可能遭遇社会偏见。他们的家庭有着诸多不足，需要面对重重挑战和伤痛。为了贴补家用，孩子可能小小年纪就得出去做工。然后还会遇到有钱人，他们生活舒适，什么都买得起，这会让那些孩子觉得那些人没有资格享受舒适的境遇。不难明白为何大城市里的犯罪分子数量众多，那里贫富差距更为明显。有益社会的活动不可能在羡慕与嫉妒中产生，但身陷这种处境里的孩子很容易误读状况，以为要达到优势地位就得不劳而获。

生理缺陷

生理缺陷可能引发自卑感。这是我的一个发现，可这一发现竟然同时为神经内科和精神病学里的遗传理论铺平了道路，让我不免有些内疚。其实从一开始，首次撰写关于器官自卑（生理残疾）与个体的精神补偿的论文时，我就意识到了这一危险。该被怪罪的不是残疾，而是我们的教育方式。只要采用正确方式，有生理缺陷的孩子也能对他人、对自己都发生兴趣。只有在身边没人帮助他们拓展对他人的兴趣的情况下，身有残疾的儿童才会变得以自我为中心。

许多人都有内分泌问题，但需要明确一点，我们绝对不能断言内分泌腺体的正常功能应该是怎样的。我们的内分泌腺体功能可能天差地别，但这并不会伤害到人格。我们必须先排除这一因素，尤其在探索将儿童培养成为对他人抱有合作兴趣的社会好公民的正确方法时更该如此。

社会缺陷

犯罪人群中有很大一部分是孤儿，在我看来，这是对我们的社会未能关注孤儿身上的合作意识培养的严厉控诉。同样，私生子占的比重也很大。没人在乎他们的感情，也没人教他们将它转移到其他人身上去。意外出生的孩子常常会犯罪，尤其是在感到不被需要时。犯罪分子中还经常会有长相丑陋的人，这一点曾经被用来证明遗传的重要性。但想想那些丑孩子们的感受吧！他们身处逆境，他们也许是某些民族的混血儿，生出来不那么漂亮，或者只是遭遇到了社会偏见。他们没有我们所看重的东西——活泼可爱的童年，如果人们认为他们不好看，对他们终生都是打击。然而，以上这些孩子如果得到妥善对待，本都应能培养起健全的社会情感。

但有意思的是，有时犯罪分子里也有一些相貌出众的人。生理丑陋的犯罪分子会被看作遗传特征的牺牲品，他们也许还遗传了真正的生理缺陷，比如畸形的手或兔唇等，但我们又该如何解释那些仪表堂堂的犯罪分子的存在呢？实际上，他们并非成长于难以培养社会情感的处境之中，他们只是被宠坏了的孩子。

犯罪问题的解决方案

那么，我们现在该怎么做？这是一个问题。如果我的理论完全正确，我们总能在多种多样的犯罪生涯中发现缺乏社会兴趣、未能培养起合作意识的个体对虚构的优势地位的追求这些共同特征，那我们能做些什么？答案是，和对精神病患者一样。在犯罪问题上，如果无法成功获取犯罪分子的合作，我们完全无能为力。这一观点再三强调也不为过：如果我们能让犯罪分子关心人类幸福，如果我们让他们对他人感兴趣，如果我们培养他们的合作精神，如果我们引领他们找到通过合作解决人生问题的途径，就肯定能够改造成功。但如果做不到这些，我们别无他法。

现在，我们可以看到对犯罪分子的改造应该从何处入手。我们必须教会他们合作。单单将他们锁进监狱鲜有成功的例子，但放松对他们的监管又会对社会造成威胁，目前条件下也不可能考虑。社会需要隔绝犯罪才能得到保障，但那绝不是全部。我们还必须思考，既然他们无法融入社会生活，那我们怎样才能帮助他们？

这一任务并不像听起来那么直截了当。我们不能用优厚条件赢得他们的合作，但也不能让他们的处境更为艰难；仅仅指出他们犯了错，或是与之争吵也不能说服他们。他们的意志早已坚定，多年来一直都在用自己的眼光打量世界。要想改变他们，我们必须找出他们思考方式的根源，必须发现他们的失败开始于何处，以及促使他们犯罪的环境。四五岁时，他们的主要性格特征就已经定型。从那时起，他们犯下的错误皆起因于对自身、对世界的错误评估，和后来我们在他们的犯罪生涯中看到的并没什么不同。需要我们了解和纠正的，正是这些早期的错误，我们必须追溯到他们的生活态度形成的源头去。

此后，他们会以种种遭遇来为自己的态度辩护。如果这些遭遇与自己拟定的剧本不相符，他们还会千方百计改造重塑这些经历，直到更为贴合。如果一个人抱着"别人羞辱我，对我态度恶劣"的态度面对生活，会发现众多的证据来支撑自己的观点。他们会去挖掘事例证明自己的正确，对一切相反的证据视而不见。犯罪分子只对自己和自己的观点感兴趣。他们有着自己的视听方式，通常都会漠视那些与自己对人生的解读不相吻合的事情。因此，如果不能深掘出他们对世界的解读和自我树立的观点背后的因素，并找出这种态度最早期时的形态，我们就无法说服他们。

体罚的无效

体罚是无效的，它只能向犯罪分子证实社会的敌意和不合作。犯罪分子或许在学校时就经历过这种事。他们没能培养起合作意识，因此成绩差劲，或是在班上表现顽劣，于是被责备、被惩罚。现在继续这样做又怎么可能鼓励他们去合作？这只会让他们对处境感受到的无望更甚从前。他们觉得人人与自己为敌。他们当然讨厌学校，谁又会喜欢一个总会被责骂被惩罚的地方？

被体罚的孩子丧失了仅存的一点自信，他们对学业、老师或同学都失去了兴趣，开始逃学，躲到别人找不到的地方。在那里，他们遇到了其他一些有着同样经历，走在同一条道上的孩子。他们不仅能理解他，不会责骂他，还会恭维他，赞扬他的野心，让他雄心勃勃地想要在反社会的道路上写下自己的一笔。他对生活的社会需求毫无兴趣，自然会将他们当作朋友，将社会大众视为敌人。那些人喜欢他，跟他们做伴要开心轻松得多。就这样，成千上万的孩子加入了犯罪团伙。如果此后我们仍旧以惩罚对待他们，只会让他们更为坚定地认为我们是敌人，只有犯罪分子才是朋友。

这些孩子根本没有理由沦为生活任务的手下败将，我们不该让他们丧失希望。如果能从学校方面给这些孩子以自信和勇气，很容易就能阻止这种情况的发生。对这一建议，我会在后面更完整地阐述，在这里只是作为例子，说明犯罪分子为何只会将惩罚视为社会与他们为敌的标志。面对体罚，他们心中只会想：看我说得没错吧。

从其他角度看，体罚也没有用。许多犯罪分子并不看重自己的生命。不管体罚还是经济处罚都吓不着他们。他们执迷不悟，一心只想战胜警方，根本不会觉得痛苦。这也是他们回应自认为的挑战的举措。如果狱警对犯人严苛或者残暴，只会让他们昂首挺胸来抵抗。这也更让他们觉得自己比警方要聪明得多。

正如我们所见，他们对任何事的解读都是如此。他们将自己与社会的联系视为某种形式的战争，在里面挣扎搏斗，奋勇求胜。如果我们也以同样的方式来面对，只会和他们如出一辙。在这种逻辑下，即使是电椅都能被视为挑战，犯罪分子会自我欺骗，把这当作与恐惧作战的斗争。惩罚越重，他们展现自己高人一等的狡诈的欲望就越强烈。不难看到，许多犯罪分子都这样看待自己的罪行。被判电椅死刑的犯罪分子常常在生命中的最后一刻还在思考自己当初该怎样逃出法网，号称"如果我没忘戴眼镜就好了"。

培养合作

我在前面已经指出，没有任何理由让孩子灰心丧气，深信自己不如别人，在合作中毫无用处。没有人应该被人生的问题击溃。犯罪分子选择了错误的道路处理问题，我们应该告诉他们在哪里犯了错，以及为何会犯错，也必须鼓励他们对他人发生兴趣并愿意合作。如果所有地方都能认识到这一点，哪怕是最卖力的自我辩解也无法让犯罪分子满意，也没有孩子会去积极锻炼要成为为非作歹之徒。不管描述是否准确，在所有犯罪案例里，我们都能看到童年生活方式的影响，以及某种显示出缺乏合作能力的哲学。

需要强调的是，合作能力必须经过学习才能获得。它的遗传性毋庸置疑。这一潜能被视作是与生俱来的，它在每一个人身上都普遍存在，但要得到发展，就必须经过培养和锻炼。如果拿不出有人接受了合作培训却还是成为犯罪分子的证据，关于犯罪的所有其他观点对我来说都没有根据。我从未遇到这样的人，也从未听说有人遇到过。对抗犯罪的正确防卫应该是恰当程度的合作。认识不到这一点，我们就无望避免犯罪这一悲剧。

合作的价值可以像教地理一样在课堂上讲授，因为这是真理，而我们总是可以教授真理。如果儿童或成人毫无准备就参加地理考试，结果一定会考砸。如果他们未经准备，去参加一场需要合作知识的考试，也肯定会失败。我们所有的问题都需要用到合作知识。

我们对犯罪问题的科学研究已经进入尾声，现在必须要鼓起勇气来去面对真相。数千年过去，人类还是没能找到应对这一问题的正确方法。我们尝试过的一切手段看来都徒劳，这一灾难仍然与我们如影随形。我们的研究回答了原因：我们从未采取正确的步骤去改变犯罪分子的生活方式，去阻止错误的人生态度的发展。简单地说，就是没用真正有效的手段。由此，我们也知道该怎样去做了，那就是——培养犯罪分子的合作精神。

我们有了充分的知识，现在也有了应对的经验。我相信，个体心理学向我们展现了怎样改造每一名罪犯。但也要考虑到逐人改造，对所有犯罪者的生活目标一一加以矫正，让他们改过自新，这将是一项过于浩大的工程。可惜的是，在我们的文化里，大多数人在面临的困难超过了临界点时，合作能力都会消耗殆尽。我们发现，在困难时期，犯罪分子的数量会增加。所以我认为，想要用这种方式来消灭犯罪，需要治疗的人群数量众多，想要立竿见影地让犯罪分子或潜在的犯罪分子成为社会的有用之材并不现实。

矫治方法

但我们能做的还是不少。如果不能改造每一名罪犯，我们可以做些事情，帮助那些难以承受重担的人减轻压力。例如，针对失业以及缺乏职业培训和技能的问题，我们应该尽力让所有想要工作的人都找到工作。这也是我们的社会满足生活需求，保证绝大部分人不至于失去最后的合作能力的唯一途径。如果做到了这一点，犯罪人数必然会减少。我不知道在现今的经济条件下，进行这一改良的时机是否成熟，但绝对应该为之努力。

我们还应该培养孩子更好地为将来的职业做准备，让他们更有准备地面对生活，并且有更广泛的工作选择。这样的培训也可以在监狱里开展。我们已经在这一方向上进行了一些尝试，该做的也许就是进一步努力。尽管我认为不大可能给予每名犯人单独的矫治，但对他们进行集体培训也大有益处。目前，我建议可以与犯人们一起组织一些关于社会问题的讨论团体，假设他们真的身处现场，让他们做出回答。我们应该给他们以启迪，将他们从做了一辈子的梦中唤醒；我们应该让他们摆脱自己对世界的个人解读，以及对自身潜力的轻视所造成的有害影响。我们应该教导他们不去给自己设限，应该平息他们对自身处境和必须面对的社会问题的恐惧。我相信，通过这样的治疗就已经可以取得显著的成果了。

我们还应该在社会中尽可能消除所有可能诱惑犯罪分子和贫困人群的事物。贫富差距如果极端显著，就会让低收入者感到不满和嫉妒。因此，我们应该避免奢靡浮华，高调炫富毫无意义。

在对残疾儿童和不良少年的治疗中，我们了解到，去挑战他们的能力毫无用处。他们会以为自己在与周边的环境作战，从而坚持消极态度。对犯罪分子来说也一样，世界各地的警察、法官，甚至法律都在挑战犯罪分子，结果却让他们更陶醉于自己的英雄气概。犯罪分子不该被威胁，如果我们的行动更为隐秘，不向公众公布罪犯的姓名也许效果更好。我们对待犯罪的态度是错误的，严厉打击与怀柔绥靖都无法改变他们。只有更清晰地明白自己的处境，他们才会改变。当然，我们应该秉持人道主义精神，不要幻想犯罪分子会被可能面对的严厉惩罚吓倒。我们看到，严厉的刑法有时只会给这场竞争火上浇油，即使是面临死刑，犯罪分子感到后悔的也只有导致他们失手被捕的致命纰漏。

如果更努力地提高我们的破案纪录，也会有很大帮助。就我所知，逍遥法外的犯罪分子至少占到总数的百分之四十，或许还要更多，而这一事实无疑会助长犯罪分子的气焰。几乎所有犯罪分子都有作案后全身而退的经历。在这一点上，我们已经取得了一些进展，推进的方向也是正确的。同样重要的是，无论在狱中还是已经出狱，都不要羞辱或挑衅他们。如果人选得当，增加感化人员的数量会很有效。感化人员自身也应该接受关于社会问题和合作之道的教育。

预防措施

如果这些建议得以落实，将产生巨大的成果。但我们仍然无法将犯罪数字减少到理想值。幸运的是，我们还有其他一些可以采用的手段，它们非常实用，也非常有效。如果我们在孩子身上培养起适当的合作意识，如果我们可以拓展他们的社会兴趣，那么犯罪数字就会显著减少，而且不需要等待太久就能见成效。这些孩子不会被煽动或引诱走上犯罪道路。无论遇到什么麻烦和困难，他们对他人的兴趣都不会被摧毁。他们的合作能力与圆满解决人生问题的能力都将比我们这一代人高得多。

大多数犯罪分子的犯罪生涯都开始于早年，通常是青春期，作案年龄通常都在十五到二十八岁这个年龄段期间。因此，我们的成功不需要等太多年。而且我肯定，如果孩子受到了正确的教育，对整个家庭生活也会产生影响。独立、进取、乐观并健康成长的孩子对自己的父母也是助力和安慰。合作精神将遍布全世界，人类的社会发展也会提升到一个新阶段。我们在影响儿童的同时，同样也应当关注对父母和教师的影响。

现在唯一的问题就是，怎样选择最好的出击点，以及采用什么方式教育儿童应对往后人生中的任务和问题了。也许我们可以对所有父母进行培训？不，这一建议不大可能付诸实现。父母很难接触到，而最需要培训的父母恰恰又是那些从不露面的，所以我们必须另觅他法。也许可以把所有孩子抓起来，关在一起，室内装上无线监控系统，时刻对他们严加看管？这种建议也好不到哪儿去。

但有一种方法是切实可行并真正有效的。我们可以让教师成为社会进步的工具。培训我们的教师去纠正学生在家养成的错误，深入拓展孩子们对他人的社会兴趣。由于家庭无法对孩子进行人生中的所有任务的教育，人类建立起了学校作为对家庭的延伸。为什么不利用学校来让人更具社会性、更有合作意识，立志于造福人类呢？

我们的行动必须建立在下列认识的基础上：简单地说，我们享受的现代文化的一切好处都建立在做出贡献的人的努力上。如果个体不合作，对他人不感兴趣，对集体没有贡献，他们的生命就是浪费，他们从地球上消失后不能留下丝毫印迹。只有那些有所贡献的人的作品才得以留存，他们的精神仍然活在这个世界上，并亘古不灭。如果以此作为教育儿童的基础，他们成长过程中就会发自内心地接受合作工作。面对困难时，他们不会后退，他们将有足够强大的力量去面对哪怕是最艰难的问题，并以一种共赢的方式去解决它。

第十章
工作

束缚人类的三大约束表现为人生的三大问题

第一大约束是工作问题

平衡人生的三大任务

束缚人类的三大约束表现为人生的三大问题。任一问题都无法分解开来独立解决，每个问题都需要依仗另两个问题的顺利解决。第一大约束是工作问题。我们生活在这个星球上，与我们共存的还有星球上所有的资源、肥沃的土壤、丰富的矿藏和它的气候、空气。人类一直在寻找这些条件呈现在我们眼前的问题的解决之道，但直到今天也很难说我们已经找到了满意答案。在每一个历史时期，人类都在一定程度上相对顺利地解决了这些问题，但总有更大的空间等待我们去提高去完善。

解决第一个问题，即工作问题的最佳手段来自对第二个问题的解决，也就是社会问题。束缚我们的第二大约束就是我们同属人类族群，需要过群居生活这一事实。如果我们是生活在地球上的唯一一个人类，态度和行为都会截然不同。但现在我们必须为其他人着想，调整自己以适应他人，并让他们对自己也感兴趣。友谊、社会情感和合作是解决这一问题的最佳手段。有了对第二个问题的解决方案，我们就能在解决第一个问题的道路上前进一大步。

只有学会了合作，我们才有了劳动分工这一重大发现，它是人类幸福的首要保障。如果每个个体都不靠合作，不靠过去由合作创造出来的财富，仅凭单打独斗挣扎求生是不可能的。通过劳动分工，我们得以利用多种训练带来的成果，并组织动用多方面的才能，一起为人类的共同福利做贡献；以及获得保障，远离不安全感；并为所有社会成员创造机会。诚然，我们不能说已经做到了十全十美，也不能说劳动分工已经发展到了巅峰。无论如何，我们对解决工作问题的尝试都应该置于人类的劳动分工框架之下，并且通过工作为共同利益贡献其中一份力量。

有些人想逃避工作问题，要么根本不工作，要么游手好闲。但我们总能发现，他们一方面躲避这一问题，另一方面其实同样需要得到同伴的支持。不管怎样，他们生活在别人的劳动成果上，没有做出自己一分一毫的贡献。这就是被宠坏了的孩子的生活方式：一旦遇到问题，他们就要求别人帮忙解决。阻碍人类合作，并将不公的重担加诸那些积极解决生活问题的人肩头的，大部分都是那些被宠坏了的孩子。

第三条约束在男女之间。一个人要么是男性，要么是女性。我们在人类繁衍上扮演的角色取决于怎样接触异性，以及怎样实现我们的性角色。两性关系也是一个问题，和人生的其他问题一样，无法孤立解决。一个人要想成功解决爱情和婚姻问题，不仅需要一个能对共同福利做出贡献的职位，也需要建立与其他人的友好关系。我们已经看到，现今社会里，这一问题最广泛接受的解决方式是一夫一妻制，它能最大限度地满足社会和劳动分工的要求。与此同时，每个人的合作程度与能力也在应对这一问题时表现得最为透彻。

这三个问题永远分不开，它们互相牵连影响，解决其中一个也有助于解决其他的问题。确实可以说，它们只是同一环境和同一问题的不同侧面——都是出于人类维持生存，并在自己的处境中活得更长久的需求。

职业有时会成为逃避社会和爱情问题的借口。社会生活中，经常有人夸大对工作的投入程度，以回避爱情和婚姻问题。有位工作狂合伙人认为："我没有多余的时间去操心婚姻，所以我们的不幸也不能怪我。"逃避社会和爱情问题的意图在神经质患者身上尤其典型。他们不去接触异性，对他人也没有兴趣，只是没日没夜地埋头工作，然后在床上、在梦里想着这些事情。他们将自己带入紧张状态，在这种状态下，神经质症状开始显现，肠胃不适等种种毛病也应运而生，而肠胃不适又成了他们不去面对社会和爱情问题的借口。在其他案例中，还有一种人频繁地换工作。他们老觉得等着自己的肯定是一份更好的工作，但事实上，他们根本无法在一个职位上做得太久，只得不停地弃旧换新。

早期训练

家庭和学校影响

母亲是在孩子的职业兴趣的发展中产生影响的第一人。四五岁前的努力和训练对孩子成年后的主要活动范围有着决定性影响。做职业指导时，我总要询问每个人的幼年生活，以及他们早年对什么最感兴趣。他们对这一时期的记忆可以准确地揭示出他们最常进行的训练：他们会透露自己的理想，以及这些理想在自己心目中的地位。后文中，我会回过来讲最初记忆的重要性。

训练的下一步在学校里开展，我相信，我们的学校现在对学生的未来职业发展已经投入了更多的关注，开始训练他们的双手、双耳和双眼及其官能和功用。这些训练和教授各种一般学科同样重要。但也不要忘了一般学科对儿童的职业发展的重要性。我们经常听人说起他们早已忘了在学校学的拉丁语或法语，但无论如何，开设这些课程仍有其必要性。根据过往经验，我们发现，学习各学科知识是全面锻炼心智各种功能的绝佳途径。有些新式学校对技术和手工课也很重视，通过这些手段可以拓展儿童的体验，并激发他们的自信。

纠正潜在的错误

有人可以选择任何职业，却仍然难以满足。他们所缺乏的不是职业，而是能保证其优越性的捷径。他们不愿去面对人生的问题，因为觉得任何降临在他们身上的问题都是上天的不公。这些都是安于依赖别人的被宠坏的孩子。

也有一些人不愿成为领头羊。他们的主要兴趣在于找到一位领袖去仰望，找到一位可以追随的孩子或成人。这不是一种值得鼓励的发展，最好能打消这种被动倾向。如果在童年时无法制止，这样的孩子在往后的岁月里将无法挑起领袖职责，而总是选择下级职员的位置。在这种位置上，他们的一举一动都有规章可循。

逃避工作、漫不经心或是懒惰等错误倾向也都开始于早期。碰到这些日后必将遭受挫折的孩子，我们应该用科学方法找出其错误的成因，并用科学手段去帮他们纠正。如果我们生活在一个可以不劳而获的应有尽有的星球上，懒惰或许是一项美德，勤劳反倒会成为罪恶。但就目前我们和地球的关系来看，符合逻辑并运用常识得出的结论是，我们应当工作、合作并奉献。人类凭直觉就认识到了这一点，现在我们从科学层面证实了它的必然性。

天才和早期爱好

天才的训练都开始于幼年。我觉得，关于天才的问题将有助于了解整个课题。只有那些对人类的共同利益做出过卓越贡献的个体才被称为天才。我还想不出有哪位没能对人类做出任何贡献的天才。艺术是个体合作的集大成产物，人类中的伟大天才提升了我们整个文化的层次。荷马的诗作中只提到过三种颜色，所有浓淡和细微差别都只能用这三种颜色描述。谁教会我们去欣赏身边的缤纷色彩？必须承认这是艺术家和画家的功劳。

作曲家将我们的听觉提升到了非凡的程度。我们现在唱歌音调和谐，不像祖先那样粗嘎难听，这正是音乐家们的功劳。他们丰富了我们的精神世界，并教会我们去训练自己的耳朵和声音。又是谁加深了我们的感受，教会我们更明晰地表达，更透彻地理解？是诗人。他们丰富了我们的语言，使它更具灵活性，可以改变运用在生活各个方面。

毫无疑问，天才是人类中最善于合作的一类。就个体行为和某些态度而言，他们的合作能力或许体现得不够明显，但从他们的整个生命画卷来看，这一点再清晰不过。对他们来说，合作并不像其他人那么容易，因为他们选择了一条艰难的道路，需要面对无数艰难险阻。他们中经常有存在严重生理缺陷的人。在许多杰出人士身上，我们都能发现某些生理上的缺憾，尽管在早年经受了严峻的考验，但他们与之斗争并克服了这些困难。最明显的是，我们能看到他们的早期兴趣是如何开始，以及他们在童年时是怎样努力锻炼自己的。他们将感官磨炼得更为敏锐，才能在形形色色的问题中建立联系，并理解它们。从他们的早期训练中，我们可以得出结论，他们的艺术和天赋都得自自身，而不是来源于天授或遗传。他们竭尽所能，而我们从中受益。

培养才能

早期爱好是今后成功的最坚实基础。假设我们有一个三四岁的孤女，她开始为自己的娃娃缝制帽子。我们看到她工作时，可以告诉她这帽子多么好看，并提些建议让帽子更漂亮。小女孩受到鼓舞和激励，就会加倍努力并提高自己的技能。但如果我们对女孩说："别碰针，你会戳到自己的！你根本没必要缝帽子，我们可以出去买一顶好得多的。"她就会放弃努力。对比两名女孩往后的发展，我们会发现，第一位女孩不仅培养了艺术品位，对工作也发生了兴趣；而第二位女孩则不知道自己该干些什么，并且认为反正买的总比自己做的好。

确定儿童的兴趣

童年宣言

如果儿童从小就知道自己长大后想从事的职业，那他们的发展就简单多了。如果我们问他们长大想干什么，大部分儿童都会给出明确回答。然而，他们的答案通常并未经过认真思考。当他们说想当飞行员或汽车司机时，其实对自己所选择的职业并没有了解。我们的责任是挖掘出他们的回答下潜藏的动机，把握他们努力的方向，找出推动他们继续前进的因素，以及他们的目标和他们实现这个目标的方式。他们所选择的未来职业只是一种在他们看来体现了优越性的职业，但从这一选择上，我们可以发现其他的发展可能，去帮助他们实现目标。

十二至十四岁的儿童对自己想做的工作应该有了清晰得多的认知。每当听到这个年龄的儿童说不知道自己今后想干什么时，我总是很难过。这些孩子看起来胸无大志，但这并不意味着他们对任何事都缺乏兴趣。他们可能有着雄心壮志，却没有勇气说将出来。碰到这种情况，我们必须努力去发现他们的主要兴趣和技能。有些孩子十六岁高中毕业后仍然不能确定未来的职业。他们常常都是聪明的学生，却不知道自己的人生之路该怎样走。可以确定，这些孩子也有雄心，却不会真正与他人合作。他们还没有找到自己在劳动分工中的位置，也还无法及时找到实现雄心的切实可行的道路。

趁孩子年幼时询问他们将来想做什么是大有益处的。我在班级里也经常提出这个问题，这使得孩子们必须认真思考这一问题，还能避免他们遗忘问题或是隐藏自己的答案。我还会问他们为何要选择这一职业，他们的回答通常都很能说明问题。他们会向我们揭示出自己努力的目标，以及在生活中最为看重的因素。我们应该让他们选择自己觉得最有价值的职业，因为我们自己无从判断这些职业价值的高低。如果他们能真正踏踏实实地工作，为他人造福，每个人都一样有用而且重要。他们唯一的责任就是训练自己，学会自立，并在劳动分工的框架内去追求自己的兴趣。

对许多人来说，他们日后的兴趣方向可能和生命中最初的四五年里的兴趣没有什么偏差。早年的兴趣令人难忘，但后来由于经济因素或为人父母的压力，他们被迫从事了一份自己并不感兴趣的职业。这也从另一侧面说明了童年训练的影响力和重要性。

早期记忆

进行职业指导时，应该非常小心地对待最初记忆。如果在儿童的最初记忆中发现了视觉上的兴趣,可以判断他们更适合从事偏重使用眼睛的职业。如果孩子提到印象中有人在跟他们说话,提到风的声音或是叮叮当当的铃声,可以确认他们属于听觉系孩子,可能更适合与音乐相关的专业。在一些回忆文字中,还能看到对动作的印象。这是一些需要活跃程度更高的行动的人,也许他们会对需要人力或是旅行方面的工作感兴趣。

扮演游戏

观察儿童时,常常可以发现他们在为自己成年后的职业做准备。许多儿童对机械和技术兴趣浓厚,如果他们能实现自己的雄心,这将是一项卓有成效的工作。孩子们的游戏可以让我们一窥他们的兴趣。例如,我们可以看到,将来想当老师的孩子将年幼的孩子们集合起来,玩学校上课的游戏。

想要做母亲的女孩喜欢玩娃娃,并培养自己对婴儿有更多的兴趣。对母亲这一角色的兴趣值得鼓励,也不必对给小女孩玩娃娃心存顾虑。有人觉得如果给她们娃娃,会让她们远离现实生活,但实际上她们是在培养自己认同母亲这一角色,并实践这一职责。重要的是,她们的这一兴趣应该在早年开始,否则会定型,不易改变。

我们想要在这里重申,女性作为母亲对人类生活的贡献怎么评价都不会高估。如果她能关心自己孩子的生活,为将他们培养成有用之材铺平道路;如果她能拓宽孩子的兴趣,培养他们的合作意识,她的工作将具有不可估量的价值。在我们的文化中,母亲的工作一贯被低估,常常被认为是一种琐碎而无价值的职业。它得不到直接的报酬,以其为主业的女性在经济上处于依附地位。然而,母亲的工作对家庭的重要性并不亚于父亲的工作。无论女性在家还是在外工作，母亲这份工作与她伴侣的工作具有同等重要的地位。

影响职业选择的几种因素

猝不及防地遭遇病痛或死亡问题的儿童对这些事会一直持有强烈的兴趣。他们想要当医生、护士或是药剂师。我想他们的努力应该被鼓励，因为我经常发现那些怀抱此种兴趣，并且后来也的确从事医学工作的人有许多都从很早就开始了这方面的训练，他们热爱自己的职业。与死亡擦肩而过的经验有时会以另一种形式得到补偿，有些孩子们会树立用艺术或文学创作超越死亡的雄心，或是成为虔诚的宗教信徒。

儿童最常见的一种追求是想要超越其他家庭成员，尤其是超越父亲或母亲。这种追求也可能非常可贵，我们乐于看到青出于蓝而胜于蓝。如果孩子希望在同种工作上超越父亲的成就，那么父亲的经验在某种程度上将是他们起步时的无价之宝。父亲当警察的孩子常常想要成为律师或法官。父亲在医院工作的孩子们常常希望成为医生或外科医生。而父亲是教师的孩子很多想成为大学教授。

如果家里将钱看得太重，孩子有可能会只凭收入高低来判断工作价值。这是一大错误，这样的孩子所追寻的并不是能为人类社会做贡献的兴趣。诚然，所有人都应该为自己的生活去挣钱，无视这一点的人会成为别人的负担。但如果孩子们只对挣钱感兴趣，便很容易脱离合作路线，一心只想着自己的利益。如果没有其他社会兴趣，只将"挣钱"当作唯一目标，为什么不能去抢、去坑蒙拐骗呢？就算不至于那么极端，就算拜金之下还残存有一丝社会兴趣，他们的行为对人类也不会有太多贡献。在我们这个复杂的时代，依此道路发家致富完全可能实现，旁门左道也能给人带来巨富。我们虽然无法保证，以正确态度度过一生的人一定能获得成功，但能保证他们一定不会失去勇气和自尊。

寻找解决方案

对待问题儿童，我们采取的第一步是找出他们的主要兴趣，这样做能更好地帮助和鼓励孩子。对那些无法安心于一项职业的年轻人，或是遇到职业问题的中年人，也应该去挖掘他们真正的兴趣所在，以同理心为职业指导的基础，并努力去帮助他们找到工作。这不是一件简单的事。当今的失业率之高令人瞩目，时代环境并不利于人们努力提高合作的深度和广度。因此，我认为所有认识到合作的重要性的人应该竭尽全力去减少失业者数量，让每一位想要工作的人都有一份工作。

我们可以通过进一步增加职业学校和技校的数量，推广成人教育来改善这一情况。许多失业者都没接受过培训或是技术不熟练。他们中的有些人或许对社会生活鲜有兴趣。未接受过培养训练的人和对人类的共同利益漠不关心的人一样，同是社会的沉重负担。这些人觉得自己有缺陷，没有用，不难理解为什么犯罪分子、神经质患者和自杀者中缺乏训练、技术生疏的人会占有很大比重。由于他们缺乏训练，所以总是落在人后。所有家长和教师，以及所有关注未来发展和人类进步的人，都应该努力让每一名儿童得到更好的培养，为他们在劳动分工中找到自己的位置打好基础。

第十一章
个体和社会

我们对人类的所有要求,以及能给予他们的最高赞美就是一位好同事、一位好伙伴以及一位爱情和婚姻中的真正伴侣一句话,他要向人类证明自己

人类需要团结

最古老的人类追求就是与人结伴。通过对伙伴的兴趣，人类得以成长和进步。家庭是一个以他人利益为中心的组织，人类在文明的早期就出现了组成家庭的倾向。原始部落采用通用的符号将成员聚集在一起，并赋予每个人一个共享身份，而符号的目的则是为了让人们团结合作。

宗教的角色

最质朴的原始宗教是图腾崇拜。一个群体可能会崇拜一只蜥蜴，另一个则崇拜公牛或蛇。崇拜同一图腾的人生活在一起并展开合作，群体中的每一个成员都将自己看作别人的兄弟或姐妹。这些原始图腾是人类获取并保持合作的最重要手段之一。比如说，在与原始宗教相关的节庆中，所有崇拜蜥蜴的人都会聚集在一起谈论收成，谈论如何抵御野兽和天灾以自保。这就是节庆的意义。

婚姻被视为涉及整个群体利益的事务。出于社会禁忌，每名男性都必须在自己的群体或图腾部落以外觅偶。爱情和婚姻并不是私人事务，而是全体人类在精神和心灵上都参与其中的共同责任，认识到这一点在当今仍很重要。结婚就包含了一定的责任，因为它是获得整个社会称许的一步。社会期待他们生育健康的孩子，并以合作精神将他们抚养成人。因此，每个人在婚姻中都应该协力合作。原始社会为了控制婚姻采用的制度体系、图腾和条例细则在我们今天看来也许显得荒谬可笑，但在当时的重要性绝对不可低估，管制婚姻的真正目的是为了加强人类的合作。

"爱你的邻居"一直都是宗教要求信众的一项最重要的责任。换句话说，它和我们的努力方向一样，都是要增进我们对人类伙伴的兴趣。有意思的是，我们现在可以从科学的角度来证实这种努力的价值。曾经有被宠坏了的孩子问我们："我干吗要爱自己的邻居？我的邻居爱我吗？"这个问题体现出他们缺乏合作上的训练，只将兴趣放在自己身上。这些对人类同胞不感兴趣的人会在生活中遭遇困境，并给他人带来严重伤害。人类的失败者都出自这些人之中。许多宗教和政治行动都是在用自己的方式促进合作。我认同所有将合作作为最终目标的一切努力。没有必要争执、批评和互相贬低。没有谁握有绝对真理，通向合作的终极目标的道路也不止一条。

政治和社会行动

在政治上，我们知道，即使是最佳的手段也可能被滥用。但如果不谈合作，没人能通过政治达成任何成果。所有政治家都必须以人类进步作为终极目标，这也意味着更高程度的合作。在判断哪位政治家、哪个政党能真正带来改善时，我们常常无所适从。个人的判断只有从自己的生活方式出发。但如果一个政党能让自己影响范围内的人愉快合作，我们没有理由去反对它的行动。对社会行动也是如此。如果这些行动的参与者的目标是将儿童造就为社会栋梁，增进他们的社会情感，就算这些行动沿用他们自己的传统，推广他们的文化，并试图按照他们的理想来影响、更改法律，我们也不应抱有偏见。

所以，判断所有政治和社会行动的价值的基点，只应该看他们的能力是否能增进对人类同胞的兴趣。我们也会发现多种促进合作的方式，或许有些方式更好，但如果目标是合作，就没有必要因为可能不是最佳方式而攻击其他。

社会兴趣缺乏和建立关系失败

自我利益

我们必须谈一下自私自利者的态度。这种态度无论对个体还是对集体的进步都将是巨大的障碍。只有通过对同类的兴趣，人类在每一方面的能力才能得到发展。说话、阅读、写作都是与他人沟通的先决条件。语言本身就是所有人类的共同工具，也是社会兴趣的产物。理解是一种分享功能，而非私有功能。理解就意味着要以所有人都共同采用的方式去解读，通过某种与他人共享的媒介让我们联系在一起，并接受全人类的普遍经验。

有些人追逐个人利益，寻求个人的优越感。他们给生活赋予私人意义，在他们看来，人只为自己而活。但这并非共识，这是一种世上其他人无法认可的观点。我们发现，这样的人无法与人类伙伴建立关系。我们常碰到一些以自我为中心的儿童，他们的脸上总挂着卑鄙或茫然的表情。在犯罪分子或精神病患者脸上，也会有类似表情。他们不会用眼神与人交流，世界观也异于常人。有时这些儿童或成人甚至不愿对自己的同类多看一眼，只会转移视线，看向别处。

心理障碍

与他人建立关系的失败也体现在许多神经质症状上,尤其是强迫性脸红、口吃、性无能或早泄等。这些症状都显示他们无力与其他人建立纽带,而成因则是缺乏对他人的兴趣。

最严重的自我孤立体现为精神病。尽管如果能激起患者对他人的兴趣,精神疾病也并非不可治愈,但它与社会其他人群的疏离来得比其他症状更为严重,也许只有自杀可以比拟。要治愈这些病人需要极为高超的技巧。我们必须赢得病人的合作,只有付出耐心与仁慈,再辅以最为友善的治疗手段才能做到。曾经有人请我尽全力救助一名患精神分裂症的女孩。她从八岁起就被此病困扰,最近两年一直住在精神病院里。她像狗一样吠叫、吐口水、撕烂自己的衣服,还想吃下自己的手帕,这些症状显示出她距离其他人的兴趣已经相当遥远。她想扮成一条狗,这可以理解:她觉得自己的母亲把她当狗一样对待。或许她是在说:"人见得越多,我就越想当一条狗。"我跟她一连谈了八天,却没得到一句回应。我没有放弃努力,直到三十天后,她开始迷茫而不知所云地说话。那时,我已经成了她的朋友,她觉得受到了鼓励。

这类病人即使受到鼓励,也不知道怎样去使用自己的勇气。他们对同类的抗拒非常激烈。某种程度上,他们找回勇气后展现出来的行为是可以预测的,其实还是不愿合作。他们就像问题儿童,努力地惹是生非,一会儿打破放在手上的每样东西,一会儿殴打护士。我后来再跟女孩谈话时,她打了我。我得考虑接下来该怎么做,而唯一让那女孩想不到的回应就是不做任何抵抗。年轻女孩力气不大,我让她打我,却还是亲切地看着她。她完全没料到这个,我的反应让她觉得这完全不是一种挑战。

她仍然不知道如何安置被唤醒的勇气。她砸碎我的窗户，玻璃划伤了手。我没有责备她，只是帮她包扎了伤口。对这类暴力的通常反应是将她锁在自己房间里不让出门，但对她来说，这是错误的对待方式。如果想要赢得像女孩这类人的信任，我们的表现必须有所不同。期待一位精神上有问题的人能像正常人一样行事简直大错特错。几乎所有人都会对这些病人厌烦、生气，因为精神病患者不像正常人那样反应，他们会不吃饭、撕破自己的衣服，等等，那就让他们去。我们并没别的办法能帮助他们。

这以后，女孩康复了，她健康地生活了一年。某天我去拜访那间她曾经住过的精神病院时，在路上遇到了她。

她问我："你在干什么？"

我回答："跟我来，我要去你住过两年的那个医院。"我们一起去了医院，并找到那位曾经治疗过她的医生。我建议医生在我看其他病人时跟她谈谈。等我回去时，那位医生非常生气。

他说："她健康得很。但有一点让我很生气，她不喜欢我。"

我仍然时不时地关注着这女孩，她接下来又健康地生活了十年。她自己挣钱，和别人相处融洽，见过她的人都不会相信她曾经得过精神病。

和其他人相比，有两种病症的精神病患者的隔阂表现得尤其明显，就是妄想症和忧郁症。妄想症患者指责一切人，他们认为所有人都在合谋与自己作对。而忧郁症患者指责的则是自己，他们会说"是我毁了整个家庭"，或是"我一分钱都没了，我的孩子只能饿死"。虽然指责的是他们自身，但目睹他们表演的却是别人，他们其实是在指责他人。

例如，一名相当有地位和影响力的女性遇到一次事故后，无法再继续她的社交生活。她的三个女儿都已经结婚并搬出去住，这让她觉得十分孤独。大约差不多时候，她又失去了丈夫。之前她备受呵护，现在竭力想要补偿自己的失落，于是开始出国旅行。然而，她感到自己不再像以前那么举足轻重了，终于在国外期间患上了忧郁症。她的新朋友也扔下了她。

忧郁症是对患者的严峻考验。她发电报让女儿们来看她，她们却都有借口，一个都不到。等她回到家中，嘴里一直念叨的话就是："我的女儿们真是太好了。"之前，女儿们把她抛下，只请了位护士来照顾她。现在她回家了，她们也只是偶尔过来看看。这句话是一种指控，所有了解情况的人都明白。忧郁症就像是对他人无休止的愤怒和责备，目的是为了获得关心、同情和支持，尽管在表面上看来，患者只是为自己的过错黯然悲叹。忧郁症患者的最初记忆经常出现这样的描述："我记得我想躺在沙发上，但哥哥先躺上去了。我拼命哭，于是他只好离开。"

忧郁症患者常常有用自杀报复别人的倾向，而医生首先要注意的是避免给他们提供自杀的借口。在治疗中，我总是遵循治疗规则的第一条，向他们建议"绝对不要去做自己不喜欢的事"，以此来缓解他们的紧张。这看起来小事一桩，但我相信触及了问题的根本。如果忧郁症患者可以为所欲为，还能去指责谁？他们还要报复什么？我告诉她："如果你想去剧院，或者去度假，那就去。如果半路发现又不想去了，那就别勉强自己。"

这是任何人都能做到的最佳对策，能够满足患者对优越感的需求。他们可以像上帝一样，怎么高兴怎么来。但另一方面，这和他们的生活方式格格不入。他们想要控制并指责别人，如果别人百依百顺，也就无从控制了。这一办法一般相当有效，我的病人里没有自杀的。当然，最好有人监护这些病人，但有些病人受到的监护的细致程度并不能达到我的要求。但只要有监护人在，就没有危险。

病人通常回答我的提议时都说:"可我什么都不想做。"

这样的回答我听过太多次,对此早有准备。我说:"那就别去做你不喜欢的事。"

然而有时候,他们会回答我:"我想整天躺在床上。"

我知道,如果允许他们这么做,他们必然又不那么想了。我还知道,如果我阻拦他们,那就会爆发一场战争。所以我总是顺着他们,这是一种策略。另一种对他们的生活方式的攻击则更为直接。我告诉他们:"每天都去想想怎样才能让别人高兴。如果你遵从医嘱,两周内就能痊愈。"想象一下这对他们意味着什么,原本他们的脑子里从来想的都是"怎样才能让别人担心"。

病人的回答非常有趣。有些说:"这对我来说太简单了。我这辈子都在让人高兴。"但其实他们从未做到。我让他们再仔细想想,他们却不去想。我说:"如果睡不着,你可以把所有的时间都花在思考怎样去讨好一个人上,你的健康会有显著提高的。"第二天见到他们时,我问他们:"你们按我建议的去思考了吗?"

他们回答:"昨晚我一上床就睡着了。"当然,这些对话都应该温和友好地进行,不能有一丝一毫居高临下的态度。

也有人会回答:"我做不到,我太担忧了。"

我告诉他们:"那就继续担忧吧,但担忧的间隙你也可以偶尔地想一下别人。"我这样做是想将他们的兴趣转移到他人身上去。

许多人都会说:"我们干吗要去讨好人?他们从不来讨好我。"

我回答:"你只要为自己的健康着想就好,别人以后也会得病的。"只有极少数病人会说:"我认真想过你的建议。"我的所有努力都是为了增加病人的社会兴趣。我知道,造成他们的毛病的真正原因是缺乏合作意识,希望他们自己也能认识到这一点。一旦与人类伙伴建立起平等合作的关系,他们的病就能痊愈。

过失犯罪

缺乏社会兴趣的另一显著的例子就是所谓"过失犯罪"。有人不慎让点燃的火把跌落,引发了森林大火;或是工人收工回家时忘了将电缆收好,让它就这么横在马路上,结果一辆车碾在了电缆上,导致车里的人死亡。这两起案子中的肇事者都没有故意伤害的意图,就造成的灾害而言,他们在道德上并无罪责。但他们没有接受过训练,不会为他人着想,不会自觉地采取预防措施以保障他人的安全。这是一种更深程度的合作意识缺乏,与那些邋遢的孩子,那些踩到别人脚指头、打碎餐碟,或是将壁炉台上的装饰品碰落在地的人如出一辙。

社会兴趣和社会平等

对人类同伴的兴趣是在家庭和学校中培养训练出来的,我们已经看到了影响儿童发展的种种阻碍。社会情感也许不是遗传而来的直觉,但它的潜能是与生俱来的。在父母的技巧和对孩子的兴趣培养下,这种潜力得以萌芽生长,并在儿童对自身环境的判断下得以发展。如果他们觉得他人抱有敌意,或是被敌人环伺、被逼到角落,自然不可能交到朋友,与他人成为好友了。如果他们觉得他人都应该是自己的奴隶,那么他们的愿望将是统治别人,而不是帮助他人。如果他们沉浸于自己的感受,只关心身体上的病痛和不适,就可能将自己与世隔绝。

我们已经讨论过,怎样才能让孩子感到自己是家庭中平等而有价值的一员,并对家中其他成员发生兴趣。我们也看到,父母之间应该和睦相处，并对家庭之外的人友善和气。这样他们的孩子会感受到无论在家庭中，还是在家庭圈子之外都有值得信任的人。我们还看到，在学校时，儿童会感受到自己是班级的一份子，是别的孩子的朋友，能信赖他的朋友。家庭和校园生活都是他们未来在更广阔世界中生活的准备。家庭和学校的目的是将儿童培养成社会人，成长为人类群体中的平等一员。只有满足了这些条件，他们才能积蓄勇气，自信地面对人生问题，为这些问题找到能够造福他人的答案。

如果他们能和所有人做朋友，并通过有用的工作和幸福的婚姻贡献于社会，就绝不会感到低人一等或被击败。他们会觉得，自己在这个世界上如鱼得水，身处友善的环境，遇见喜欢的人，并且可以和他们平等地并肩面对问题。他们会觉得："这是我的世界。我必须行动并组织起来，不能等待和空想。"并且完全相信，当前的时代只是人类历史中的一个阶段，而他们身处在整个人类历史的进程中——过去、现在和未来。与此同时，他们也知道，这是一个由他们去创造，为人类进步做出自己的贡献的时代。诚然，世上会有邪恶和困难、偏见和灾难，但这是我们自己的世界，长处和弊端都是这个世界的一部分。这是一个由我们去工作、去推进的世界，如果一个人能够用正确的方式去面对自己的职责，他就为社会进步做出了贡献，尽到了自己的责任。

担负起自己的职责，就意味着承担起用合作方式解决人生中的三大问题的责任。我们对人类的所有要求，以及能给予他们的最高赞美就是：一位好同事、一位好伙伴以及一位爱情和婚姻中的真正伴侣。一句话，他要向人类证明自己。

第十二章
爱情和婚姻

爱情,以及它在婚姻中的圆满,是对伴侣最亲密的奉献
是生理上的吸引、相濡以沫的陪伴,以及生儿育女的共同愿望
爱情和婚姻,是人类合作的精华

爱情、合作与社会兴趣的重要性

在德国的某些地方,有一种测试订婚的男女在婚姻中是否般配的古老风俗。婚礼前,新娘和新郎被带到一处空地,空地上放着一棵被砍倒的大树。他们拿到一把双手锯,要将树干锯成两截。这个测试可以揭示出他们彼此合作的深度。这是一项需要两个人完成的任务。如果彼此间没有信任,就会抵消彼此的工作,最后一事无成。如果其中的一个想要领头,什么都要亲力亲为,而另一个完全放弃,也需要花费两倍的时间才能完成任务。他们必须都要积极进取,工作也必须同心协力。这些德国村民们已经认识到,合作是婚姻的主要条件。

如果被问及爱情和婚姻意味着什么,我会给出如下也许并不完善的定义:爱情,以及它在婚姻中的圆满,是对异性伴侣最亲密的奉献,具体表现为生理上的吸引、相濡以沫的陪伴,以及生儿育女的共同愿望。爱情和婚姻是人类合作的精华,它不仅是两个人为了各自幸福的合作,也是为了人类幸福的合作。

爱情和婚姻是为人类幸福而构筑的合作,这一观点能够解答这一主题下的各种问题。即使是生理上的吸引——这所有人类冲动中最重要的一种——对于人类的发展也非常必要。正如我一直说起的,人类身上弱点众多,面对地球上的生活,也没有特别强健的体魄,能让人类生命得以延续的唯一途径,就是靠我们的生育力以及生理吸引力的持续刺激来繁衍后代。

我们发现,现今的爱情和婚姻问题中存在各种困境和纷争。已婚夫妇需要面对这类困境，父母也为之关切，整个社会都被卷入进来。因此，想要找到对这一问题的正确解答，我们采用的方法必须客观而公正。我们应该忘掉那些已知信息，尽量深入调查，不要让其他顾虑干扰完整而自由的讨论。

我并不是说，我们可以将爱情和婚姻问题作为一个完全孤立的问题寻求解决。人类在这方面从来没有彻底的自由：建立在私人观点上的思考根本不可能找到问题的答案。实际上，所有人类都被几根纽带绑定在一起，他们在固定框架内发展，而他们的决定也必须适应这个框架。正如我们探讨过的，之所以会产生这三根主要纽带，源于我们生活在这个宇宙中的特定地位。首先，我们必须在身处的环境带来的限制和可能性中谋求发展；其次，我们生活在自己的同类之中，必须学会调整适应；第三，世上存在两种性别，我们种群的未来依靠于良好的两性关系。

显然，如果一个人关心自己的同类和人类幸福，他所做的一切都会以他人的利益为导向，在解决爱情和婚姻问题时，也会充分考虑到他人的利益。他们这样做并不一定是有意识的。如果被问及，他们也许根本无法明确说出自己的目的。但他们会自发地追求人类的幸福和进步，而且这一兴趣会体现在他们的所有行动中。

也有一些对人类幸福不那么关心的人。他们的人生观中，从来不会有"我能为自己的人类伙伴贡献些什么""我怎样才能成为集体的一份子"这些问题，而是常常问："这对我有什么好处？其他人对我足够关注吗？我得到应得的感激了吗？"对生活采取这种态度的人，在解决爱情和婚姻问题时也会如出一辙。他们始终在问："我能从中得到什么好处？"

爱情并不像一些心理学家所声称的那样，是一种纯粹天生的机能。性是原始驱动力或本能，但爱情和婚姻远远不只是为了满足这一驱动。无论从哪个角度看，都可以发现，人类的驱动力和本能已经经过了发展、教化和提炼。我们压抑了一些欲望和倾向，比如为了同类的利益，我们学会了如何避免彼此冒犯。我们还学会让自己整洁体面，即使饥肠辘辘也不会纯自然地寻求饱腹，我们在吃上有了精致的品味和礼节。我们的原始驱动力经过了调节，以适应社会共同文化。从这些方面都能体现出我们曾经为人类幸福和社会生活做出的努力。

如果从这一角度看待爱情和婚姻问题，就会再度发现，这里面必定始终包含集体的利益、人类的利益。这是最基本的兴趣所在。只有以大视野将人类幸福作为一个整体看待，才能解决这一问题。否则讨论爱情和婚姻问题的各个方面，不管是补救、改变，或是出台新的规章制度都没有用。也许我们应该改进，也许我们可以找到更令人满意的解答，但如果这个答案确实较以前为优，也只是因为它更充分地考虑到了生活在这个星球上的人类是由两性构成，只有合作才能获得生存这一事实。只要我们的解答能够考虑到这些条件，其中包含的真理就将永远屹立。

平等的伙伴关系

采用这种方法研究时，关于爱情问题的第一个发现就是，这是一项需要两个个体共同完成的任务。对许多人来说，这是全新的任务。我们早年的训练告诉我们怎样自力更生，怎样在团队或群体中工作，但却对成对工作相对陌生。这一新局面带来了新问题，但如果两个人都对自己的同伴感兴趣，这个问题并不难解决，因为他们更容易对彼此发生兴趣。

我们甚至可以说，两个人之间要充分实现合作，每一个都必须关心对方甚于关心自己。这是爱情和婚姻成功的唯一基础。认识到了这一点，许多关于婚姻、关于改善婚姻的误解都会一一显现出来。如果合作中每个个体对对方的兴趣都超过对自己的兴趣，就一定能达到平等。如果能做到如此亲密而双向的热爱与奉献，没人会觉得自己被压制，被埋没。但也只有双方都秉持着这样的态度，平等才会成为可能。每个人都应该竭尽全力让对方的生活更轻松，更充实。只有这样，婚姻中的双方才会有安全感，觉得自己有价值，觉得自己被需要。在此，我们找到了婚姻的基本保障，以及婚姻关系中幸福的基本含义。它会让你觉得自己有价值，而且不可替代，你的伴侣需要你，你做得很出色，你既是对方的好伴侣，也是他（她）的真朋友。

合作任务中，是不可能让一方接受从属位置的。如果一方想要支配，并强迫另一方服从，两个人就无法和谐地生活在一起。现下很多男人，甚至很多女人都认为男性就该居于统治和主宰地位，扮演领袖角色，成为主人。这就是我们现在有如此众多的不幸婚姻的原因。没人能够不带怒气和怨恨地忍受卑下的地位。合作者之间应该平等，只有平等了，才能找到克服困难的途径。比如说，他们会在生儿育女的问题上达成一致。他们知道，不要孩子就是不愿为人类延续未来。他们在教育问题上也能取得共识，在婚姻出现问题时会去努力解决，因为他们知道不幸的婚姻不利于孩子的成长。

婚前准备

当前社会中很少有人能做好充分的合作准备。我们的教育总是过度关注个人成功，更多地考虑如何从生活中索取，而不是奉献。

不难看出，当两个人以婚姻所要求的亲密关系生活在一起时，任何合作上的失败，以及在关心对方上的失败，都会带来严重的后果。许多人是首次体验这种亲密的关系。他们不习惯去考虑另一个人的利益、目标、欲求、希望和雄心。他们还没有做好共同面对问题的准备。这可以解释我们身边的许多错误，现在我们更应该来审视事实，学习将来如何避免错误。

生活方式、父母和对婚姻的态度

我们面对成年生活中的每次危机时采用的都是过往的经验，我们的反应始终遵照着自己的生活方式。为婚姻而做的准备不可能一夜之间完成。通过儿童的行为特征以及他们的态度、思维和行动，可以看出他们是怎样自我训练来适应成年状态的。人们将以何种态度对待爱情问题，其实在五六岁时就已经成型了。

在儿童发展的极早阶段里就能看到，他们已经形成了自己对爱情和婚姻的看法。我们不应以成人的感知将他们的感受解释为性冲动。他们是在对平常社会生活中的一面做出判断，他们觉得自己也是这个社会中的一员。他们身边本来就有爱情、婚姻的存在，他们开始据此构建关于自己未来的概念。他们对这些因素肯定已经有了一些理解，并对这些问题有了自己的立场。

儿童在早期表现出对于异性和择偶的兴趣时，我们切不可将其斥之为错误、胡闹，或是性早熟，也不该嘲弄或是开玩笑，而是应该将其看作是他们为准备爱情和婚姻迈出的一步。我们不仅不该一笑置之，还应该同意他们的看法，将爱情看作一次奇妙的挑战，一次必须做好准备，并为所有人类的未来而承担的挑战。这样，我们便可以在儿童的心中埋下种子，让他们在以后的人生中，可以顺利地与亲密关系中的伴侣和朋友彼此沟通。就算现实中父母的婚姻不一定和谐幸福，但儿童总是自发而热烈地拥护一夫一妻制，这一观察令人深受启发。

如果父母婚姻融洽，我们也会准备得更好。儿童对于婚姻的早期印象来自父母。因此，毫不奇怪，大部分生活失败者都是在破裂家庭或是不幸家庭中成长的孩子。如果父母自己都无法合作，当然也不可能去培养孩子的合作意识。要更好地了解一个人，可以去了解他是否在良好的家庭氛围中长大，并观察他对自己父母和兄弟姐妹的态度。

最为重要的一点是，孩子对爱情和婚姻的知识究竟来自何处。在这一点上必须加倍小心。我们知道，决定一个人的并不是他所处的环境，而是他对自身处境的解读。他们的解读也许有积极作用。也许他们和父母一起的家庭生活体验并不愉快，但这只会激励他们在自己的家庭生活中做得更好，他们也许会迫不及待地为自己的婚姻做好准备。我们切不可凭着过去不幸的家庭生活来判断或筛选一个人是否适合婚姻。

友谊和工作的重要性

社会兴趣可以经由友谊得到发展。我们在友谊中学会用别人的眼睛去看，用别人的耳朵去听，用自己的心去感受。如果儿童常常受到打击，如果他们一直被看管和保护，如果他们在孤独中成长，没有朋友和伙伴，就无法培养出这种认同他人的能力。他们会始终将自己看作世界上最重要的一个，并焦急地想要保全自己的幸福。

友谊训练也是对婚姻的准备。在以合作为目的的训练时，游戏也许有些作用，但儿童的游戏中存在着太多的竞争和争强好胜。

更为有益的是创造出两个孩子一起工作、一起钻研、一起学习的环境。另外,我觉得也不该低估跳舞的作用。舞蹈这一娱乐形式是一种由两个人参与的共同行动,我觉得,让儿童在跳舞中接受训练是个好办法。我所指的并不是现在那种表演成分更甚于共同行动的舞蹈。如果能有一种适合儿童跳的简单易学的舞蹈,会对他们的成长大有裨益。

性教育

我绝不鼓励父母过早向孩子解释超出他们求知欲望的性生理知识。显而易见,儿童对婚姻的看法极为重要。如果错误处理这一话题,他们会将这些问题视作危险,或是某种不可触碰的东西。就我的经验而言,那些在四岁、五岁或是六岁时就接触到成人关系真相的儿童,以及那些有早熟经验的儿童,在往后的生活中总是对爱情更为恐惧。生理吸引力在他们看来同样意味着危险。如果年纪稍大一点才有初次的知识和经验,就不至于如此害怕。这样的孩子在两性关系中犯错的几率也小得多。

关键在于不要对孩子撒谎,不要回避他们的问题,要去理解他们提问背后的动机,只给他们讲解他们想了解的,并且确定能够理解的知识。过分热心,好为人师地提供过多信息可能造成巨大的破坏。这一问题和人生中的所有其他问题一样,最好留给孩子独立面对。让他们想了解什么就问什么,只要他们和父母间彼此信任,就不会有什么危害。

人们普遍迷信同龄伙伴的解释会对儿童造成误导。玩伴间的悄悄话并不会对接受过良好合作和独立训练的儿童造成损害,我也从未见过其他方面都很健康的孩子遭受此种伤害。儿童并不会听信同学所说的一切。他们中的大部分都很有分辨力。如果对听来的信息真假没有把握，他们会去问自己的父母或是哥哥姐姐。必须得说，我发现儿童在这方面常常比他们的长辈更为敏感和谨慎。

影响伴侣选择的因素

即使在成年人身上，最初的性吸引也来自童年时得来的知识。儿童时留下的对关爱和吸引的印象，以及他们身边的异性留给他们的印象，都成为生理吸引的源头。男孩子从自己母亲、姐妹或身边的女孩身上得到的这些印象，在日后会影响到他对有生理吸引力的对象的选择，他会选择与早年生活环境中曾经出现过的异性样貌相似的那些人。有时，他还会受到艺术作品的影响：每个人都会迷恋自己理想中的美貌。因此，一个人在后来的人生中就不再拥有广义上的自由选择，他的选择必然受到成长经历的影响。

这种对美的追求并非毫无意义。我们的审美观通常都建立在人类对健康和进步的渴望上。我们的所有机能、所有技能，都将我们引向这一目标。我们无法避开，我们认为美的事物都会是永恒的存在，都会是人类的幸福和未来的一部分，而这也正是我们期待自己的孩子发展的方向。美对我们的吸引从不止歇。

如果一名男孩和母亲相处得不愉快，或是一名女孩和父亲不够融洽（如果婚姻中的合作情况不佳，这种情况时常发生），他们日后也许会找一个与母亲或是父亲完全相反的人。如果男孩的母亲爱唠叨，而且常常打骂他，而他性格软弱，又害怕被呼来喝去，他也许就只在那些看起来不会盛气凌人的人身上，才能感受到性吸引力。这样很容易犯错，他可能只找愿意服从的异性，但不平等的婚姻不可能带来幸福。他也可以找一个看起来强大的伴侣，要么因为他喜欢力量的展示，要么因为他觉得通过挑战对方可以证明自己的力量。如果他和母亲间的裂痕很深，他对爱情和婚姻的准备可能受到阻碍，甚至会妨碍到他感受异性的吸引力。这种阻碍程度不一，如果严重到一定程度，会让他完全排斥异性。

婚姻的承诺和责任

最糟糕的婚前准备是只图个人利益。如果一个人在这种培养下长大，就会始终盘算着能从生活中得到什么快乐或刺激。他们总是要求自由和解脱，从来不考虑怎样让伴侣的生活更轻松、更充实。这种对待婚姻的方式是灾难性的。就好比从马尾端给马上辔，他们采取的手段完全错了。

因此，要树立对爱情的正确态度，就不能不断寻找借口和办法回避责任。如果有犹豫和怀疑，爱情便无法蓬勃生长。合作要求的是终生的承诺，没有坚定而不可更改的承诺的婚姻不是一桩真正的婚姻。这一承诺中包含着生儿育女，并教育他们，培养他们，尽全力让他们成为社会的有用之材的决定。美满的婚姻是我们养育未来一代的最佳方法，也始终应该是婚姻的目标之一。婚姻其实是一项工作，有它自己的规则和法律。我们无法只关注其中的一面，却忽视其他，否则必然会损害永恒的合作之道。

如果给自己的责任设定时限，或是将婚姻视为一场考验，也不可能在爱情中达成真正的亲密和赤诚。如果一个男人或女人始终保留退路，也就不会全身心地投入到责任中去。在其他严肃而重要的人生问题上，我们根本不会加上这类"脱身"条款。我们无法给爱情设限。那些想要给婚姻找寻其他替代形式的人，他们或许有着好的出发点，心怀善意，却走错了路。他们所提议的替代形式会损害即将踏入婚姻门槛的伴侣的努力，会让他们能够轻易退出，并推卸他们应担的责任。

我知道，我们的社会存在有许多妨碍人们正确解决爱情和婚姻问题的困难，有时让人有心无力。然而，我觉得应该被废除的不是爱情和婚姻，而是社会问题。我们深知恋爱关系中必需的那些品质——忠实、诚实、值得信赖、毫无保留、摒弃私心，等等。

常见的逃避方式

如果有人相信不忠发生在一夜之间，那他显然还没有为婚姻做好准备。如果双方同意保留各自的"自由"，就不可能达成真正的伴侣关系。这不是合作关系。合作关系中，我们不能随心所欲地改变方向，我们承诺全身心地投身合作。这种对婚姻成功和人类幸福无益的私人协议，对双方都有害。举个例子，一位离过婚的男人和一位离过婚的女人结婚了，他们都是有知识有教养的人，都期望他们的新婚姻能够比之前更为成功。但他们并不知道自己的第一次婚姻为何失败，他们寻求更好的婚姻关系，却没意识到自身对社会兴趣的缺乏。他们承认自己是自由主义者，想要一种现代的婚姻，让双方不至于彼此厌倦。因此他们提出，两人在各方面都应该享有完全的自由。他们可以随心所欲，但却要彼此信任，将发生的一切向对方坦白。

在这一点上，丈夫看来比妻子要更为活跃。每次回到家，他都有五光十色的经历告诉妻子，而妻子似乎也非常乐意听，并为丈夫的成功骄傲。她自己一直想要开始一段暧昧或是外遇，但刚踏出第一步，就患上了广场恐惧症。她无法再独自出门，被神经官能症困在家中，只要踏出家门一步，她就会害怕到立刻转身回家。广场恐惧症是对她自己做出的决定的一种保护，但远不止如此。最后，由于她实在无法独自出门，丈夫也被迫留在她身边。从这里可以看到，婚姻的逻辑是如何打破他们的协议的。丈夫无法再当自由主义者，因为他不得不待在妻子身边。而妻子的所谓自由也毫无用处，因为她害怕单独出门。如果要治好这位女性，就需要让她对婚姻有更为清醒的理解，而丈夫也必须要将婚姻看成一种合作的伴侣关系。

还有一些错误也是开始于婚姻的起始阶段。在家中被娇惯的孩子常常在婚姻中感到受了忽视。他们没有接受过适应社会需要的训练。被宠坏的孩子在婚姻中可能变身为暴君，而另一方则感到成了身陷樊笼的牺牲品，开始反抗对方。当两个被宠坏的孩子结合在一起，局面一定相当有意思。双方都要求成为兴趣和关注的中心，可谁都不能如愿。接下来，他们就会想办法脱身，一方开始寻找外遇，期待能获得更多关注。

有人无法只爱一个人，他们必须得同时爱着两个人。只有这样才能让他们感到自由，他们可以从一个身边逃到另一个那里去，完全不用承担完整的爱情责任。两个都爱，等于谁都不爱。

还有人自己构思出一段浪漫、理想，却又遥不可及的爱情，从此沉浸在自己的感情中，不必去寻觅现实中的伴侣。浪漫的梦中情人可以有效地排除所有候选人，因为没有真实的情人能够堪与比拟。

许多男人和女人在成长过程中产生了对自己的性角色的厌恶和抗拒。他们会压抑自己的本能，不经治疗的话，就会连在生理上也无法营造成功的婚姻。前文中我称之为"男性钦羡"，它源自当今文化中对男性的过度抬高。如果儿童对自己的性角色心存怀疑，肯定会觉得不安全。只要男子汉角色仍占据着主导地位，不管是男孩还是女孩，都会觉得男性令人钦羡。他们会怀疑自己是否有能力扮演这一角色，过于看重男子气概，还会想方设法逃避对男子汉气概的考验。

我们的文化中，经常会遇到对自己的性角色难以认同的人。这也许是所有女性性冷淡或男性心身阳痿的根源所在。这些病例都通过生理上的抗拒暴露出病人对爱情和婚姻的抗拒。如果不能坚信男女平等，这些问题都很难避免。只要占总数一半的人口还有理由对自己的地位感到不满，这种不满就会成为美满婚姻的巨大障碍。我们可以训练平等意识来亡羊补牢，与此同时，也切不可让孩子对自己未来的性角色一直心存怀疑。

我认为，如果没有婚前性关系，爱情和婚姻将更热烈专注，水乳交融。我发现大多人男人私心里都不乐意自己的爱人在结婚时已经不是处女，有时还将此视为水性杨花的象征，表现得大为震惊。而且在我们的文化中，婚前性关系给女性带来的情感压力要更大一些。出于恐惧而不是勇气缔结的婚姻同样是严重的错误。我们可以理解，勇气是合作的一面，如果男人和女人出于恐惧而不得不与对方结婚，也就意味着他们并不打算真心地合作。选择酒鬼或是在社会地位或教育上差距过大的人结婚也是同样道理。他们害怕爱情和婚姻，只想要构筑一种能让伴侣抬头仰视自己的关系。

恋爱

通过一个人接触异性的方式，可以看出他勇气的多寡以及合作能力高低。每一个人都有自己独有的接触异性的方式，恋爱中的个性行为和气质也各不相同，但这些始终脱不开他们的生活方式的轨迹。从恋爱时的举止可以看出，他们是否会对人类的延续说"是"，是否自信而且乐于合作，是否以自我为中心，是否会怯场，是否老是用"我给对方留下了什么印象""他们会怎么想我"这些问题折磨自己。男人接近女人时或者缓慢而小心翼翼，或是冲动而出人意料，不管是哪种情况，他的恋爱行为都是由他的目的和生活方式所造就的，也是它们的另一种表达方式。我们不能完全依据一个男人恋爱期的行为来判断他是否适合婚姻，因为此时他的目的明确，但在其他事情上却可能犹豫不决。无论如何，从恋爱行为可以管窥这个人的个性。

我们自身的文化中（也只有在此背景下），通常都期待由男性首先表达出兴趣，他应该走出第一步。所以，只要这种习惯还存在，还是有必要训练男孩子们以男子汉的态度采取主动，不要犹豫，或是寻路逃避。但只有在他们感到自己是整个社会的一份子，并接受这个社会的所有优缺点时，才可能接受训练，培养出主动的态度。当然，女孩和成年女性是恋爱关系的另一半，她们也能采取主动，但在占优势的西方文化氛围下，她们也许只得表现得更为保守，仅仅通过她的外貌、衣着、行动以及看、说话、倾听的方式来表现自己的兴趣。因此，或许可以说男性的表现方式更简洁、表面，而女性的表现方式则更深层、复杂。

构筑美满婚姻

婚姻的生理方面

对配偶的性吸引力必不可少，但始终应该将它约束在为人类造福的目标方向上。真正彼此感兴趣的伴侣间不会缺乏性吸引力。这一问题一旦出现，就意味着兴趣的缺失，说明一个人对自己的伴侣不再感到平等、友好并能够携手鼎力合作。有时,人们会觉得,彼此间的关心还在,只是生理上的吸引已经退潮。这不是事实。嘴会说谎,心里也不见得明白,但身体的机能总是道出真相。如果性功能衰退,是因为两人没有达成真正的协调。他们丧失了对彼此的兴趣。至少其中一个已经不再愿意面对爱情和婚姻的职责,想要另寻出路。

与其他动物的性驱动力不同,人类的性驱动力可以持续。这也是另一种保证人类幸福和繁衍的方式,人类靠这一方式扩大种群人数,以此来保障自身的幸福并繁衍不息。大自然有其他方式来保证其他动物的继续生存。例如我们发现,许多动物由雌性产下为数众多的卵子,虽然其中的许多并不会成熟,大量卵子都损失或被毁,但庞大的数量保证了其中的一些能够存活下去。

生儿育女也是一种人类保全自己的方式。因此,在面对爱情和婚姻问题时,我们看到,那些发自内心地关心人类的幸福的人最可能要孩子,而那些有意无意对自己的同类都没有兴趣的人则拒绝挑起繁衍后代的担子。总是索取和期待,从不付出的人也不会喜欢孩子。他们只关心自己,将孩子视为负担和麻烦,视为某种会占据他们时间和关注的事物,而这些本该只属于他们自己。可以说,爱情和婚姻的完美解决方案中,生儿育女必不可少。就我们所知,一桩好的婚姻是抚养人类下一代的最佳方式,它始终应该是婚姻的一个组成部分。

一夫一妻制、努力经营和现实主义

在我们的实践和社会生活中,解决爱情和婚姻问题的方案是一夫一妻制。任何人想要开启一段要求亲密奉献和彼此关心的关系,都无法撼动这一关系的基石去寻求解脱。我们知道,婚姻有可能破裂。不幸的是,我们无法完全避免它的发生,但如果将婚姻和爱情看作我们所面对的社会功能，看作一项需要完成的任务的话，或许就能更好地避免遗憾。

婚姻的破裂通常是由于伴侣间没能不遗余力地合作，没有一起努力让婚姻走向成功。如果只是等着天上掉馅饼，以这样的态度面对问题，失败在所难免。同时，将爱情和婚姻视为理想状态，或是一个故事的幸福结局也是一种错误。两个人结合在一起时，将开启的是这段关系中的种种可能。在婚姻中，他们将要面对生活的责任，还有为社会而创造的真正机会。

我们的文化中另外还有一种突出的观点，就是将婚姻看作结束，看作终极目标。比如，有千千万万小说都是以新婚男女缔结良缘为结局，但那其实只是他们共同生活的开始。在这种情境下，小说常常将婚姻当作解决一切问题的灵丹妙药，就好像新婚夫妇从此一帆风顺，过上了幸福的生活。需要认识到的另一个重要事实是，爱情本身不能解决任何问题。爱情的形式各种各样，更有效的是靠努力、关心和合作解决婚姻的问题。

婚姻关系中没有奇迹。正如我们所见，每个人对待婚姻的态度都是他们生活方式的呈现，因此，只有在了解了整个人之后才能了解他的态度。比如，我们能看到总是有那么多人想要挣脱婚姻。我能准确地分辨出具体哪一个人持有这种逃避态度——就是那些至今仍被宠坏的孩子。这种人可能成为对社会的威胁，被宠坏的成年"孩子"的生活方式仍然停留在他们四五岁的时候。

"我能得到想要的一切吗？"任何情况下他们都这样问。如果没有得到，他们就会认为生活漫无目的。他们说："如果不能得到我想要的，生活还有什么意义？"变得悲观厌世，滋生出一种"求死愿望"。他们让自己生病，变得神经质，从自己错误的生活方式中构建出一整套社会理论。他们觉得自己的错误主张意义重大，前无古人，后无来者；觉得自己的原始驱动力和情感被压抑，所以就应该表达憎恨。这就是他们被带大的方式。很久以前，他们曾经生活在想要什么都能得到的黄金时代。他们中有些人也许仍然认为，如果自己哭得够大声，抗议得更激烈，拒绝去合作，就能再度得到自己想要的一切。他们不会将生活和社会看成一个整体，只会关心自己的利益。

他们不想做出任何贡献，于是总是希望有人给他们递上一切。婚姻对他们来说，同样是一种"交易"。他们想要一种伙伴式的婚姻、试验性婚姻和方便的离婚程序；从婚姻的初始，他们就要求自由和随意不忠的权利。然而，一个人如果真正关心对方，便会表现出这种关心的一切特质：他们必须可靠而且忠诚，负责而且是一位真正的朋友。一个人的婚姻和爱情如果不能做到这些要求，就意味着他在人生的第三大问题上失败了。

另外，有必要关注婚姻中的儿童的幸福，如果一桩婚姻建立在上述人生观上，抚养孩子会面临巨大的困难。如果父母总在争吵，毫不珍惜婚姻，如果他们不抱乐观态度，不相信问题能得到解决、婚姻能够持续，那么在孩子的社会性培养上将非常不利。

解决婚姻问题

也许人们出于各种原因不能住在一起，也不乏一些分开居住对双方更好的例子。谁又能评判呢？那些自己都不了解婚姻是一项责任的人，那些只对自己的生活感兴趣的人能来评判这些问题吗？他们看待结婚和看待离婚的态度没什么不同，只会说"怎样才能脱身呢"。

他们显然不是有资格评判的人。你会发现，那些一次次离婚又结婚的人总是犯着同样的错误。那么评判权该交给谁？或许我们可以想象一下，如果婚姻出现了问题，可以由心理医生来评判两人是否应当离婚？这里面也存在问题。我不知道在美国是不是如此，但在欧洲，大部分心理医生都认为个人利益重于一切。这种时候如果由他们来发表意见，他们通常都会建议病人去找情人，并以为这样也许就能解决问题。我敢肯定他们终将改变想法，不再提出这种建议。提这种建议的人不能将爱情和婚姻问题作为一个整体看待，不了解它和我们生活的其他问题存在千丝万缕的联系，我希望人们能将它放在大背景下综合性来考虑。

那些将婚姻看作解决个人问题之道的人，也犯了同样的错误。我仍然不了解美国的情况，但据我所知，在欧洲，如果一名男孩或女孩患上神经官能症，心理医生通常也会建议他们去找情人，或是开始性关系。他们给成人的建议也没有两样。这样做其实将爱情和婚姻贬损成了一种特效药，那些"服药"的人必定无法痊愈。爱情和婚姻问题的正确解决方案中，需要最大限度地实现完整的人格，其中能体验到的幸福和能实现有价值的人生角色无可比拟。我们不能将之视为儿戏，不能将爱情和婚姻看作治疗犯罪分子、酒鬼或神经症病人的良药。神经官能症患者需要经过妥善治疗才能适合恋爱和婚姻，如果还不能正确行事就贸然恋爱、结婚，必定会遭遇新的危险和不幸。婚姻是一种太高的理想，寻找它的解决方案需要我们付出太多努力和创造性的行动，唯有如此才能挑起这样的额外重担。

也有人怀着其他不当目的步入婚姻的殿堂。有人为了经济保障结婚，有人为了怜悯结婚，也有人为了想找个仆人结婚。这些目的都与婚姻不相干。我甚至听说有些地方的人会为了磨砺自己而结婚。大概是有个在学习或是未来职业上遇到困难的年轻人，觉得自己会遭遇失败，想要给自己寻找借口。结果，他竟然选择了婚姻这一额外责任作为自己的借口。

婚姻和男女平等

我们不该低估或淡化爱情问题。相反,我认为,需要将它放在更重要的位置来看。在我听说过的众多破裂婚姻中,最后承受其害的总是女性。毫无疑问,男性在我们的文化中生活得比女性更轻松。这是社会错误地对待婚姻造成的结果。个人的抗争无法克服这一问题,尤其在婚姻中,个人反抗不仅会影响到双方的关系,还会影响伴侣的利益。只有认识到我们文化中的主流态度,并付出努力去改变它,才能真正克服这一困难。我的学生,底特律的拉塞教授做过一项调查,发现她询问过的女孩中有百分之四十二想要当男孩,这意味着她们对自己的性别不满。当尚有一半人口处于失意和灰心之中时,又怎么可能解决爱情和婚姻问题呢?当女性始终面临着轻视,并认为自己只是男性的性对象,或是认为男性的见异思迁和不忠是天性使然时,这些问题能够轻易解决吗?

从我们的所有讨论中,可以得出一个简单明了,并且很有用的结论。无论一夫多妻制还是一夫一妻制都并非人类的天性。我们共同生活在这个星球上,虽然人人平等,但还是被划分成为两种性别。我们看到,所有人都必须解决人生摆在我们面前的三个问题。上述三点让我们看到,一个人在爱情和婚姻中要达到最圆满最高级的发展,最佳的解决方式是一夫一妻制。

关键词汇表

个体心理学（individual psychology）一种将个人作为一个不可分割的整体、一个统一体、目标导向的自我，在正常健康状态下是社会的完整一员和人类关系的参与者的研究。

自卑情结（inferiority complex）由自卑感或缺陷感引起的应激状态、心理逃避和对虚构的优越感的代偿性驱动力。

生活方式（life style）个体心理学中的重要概念：由个体心理、信仰和对个体生活的个性化处理方式，以及他们性格中的统一特征共同构成。生活方式体现出对个人早期经验的创造性反馈，早期经验又反过来影响到他们对自己和对世界的观点，以及他们的情感、动机和行动。

男性钦羡（masculine protest）对我们社会中关于男性气概和女性气质的偏见的一种反应，可以发生在男、女两性身上。男人的行为可能含有对男性优势迷信需求的反抗；女人则可能是对贬低女性和施加在女性身上的枷锁的反抗。

误导行为（misguided behavior）一种建立在错误的"私人逻辑"之上的、对缺陷感或不安全感的间接性补偿尝试。

器官自卑（organ inferiority）生理缺陷或是弱点，经常会引发代偿行为。

异性（other sex）阿德勒对"相反性别"的表述，强调男性和女性并非对立，而是互补的概念。

溺爱（pampering）对孩子过度纵容或过度保护，会阻碍孩子自立能力、勇气、责任心和与他人合作能力的发展。

精神（phyche）神智，包括意识和无意识两方面的整体人格，它指导个体的驱动力，赋予知觉和感觉意义，并且是产生需求和目标的源头。

社会情感（social feeling）或**社会兴趣**（social interest）。共同精神，人类的同舟共济感，标志着全体人类的积极社会关系。在阿德勒看来，这些关系要健康且具有建设性，必须包括平等、互惠，以及合作。社会情感开始于与同类的共鸣，发展成对基于合作与人人平等基础上的理想社会的追求。这一概念与阿德勒关于个人作为社会生物的观点一脉相承。

人生任务（tasks of life）每个人都必须面对的三大类人类经历：从事对社会有用的职业或工作、建立卓有成效的人际关系和实现一个人在爱情、婚姻和家庭生活中的角色。

阿尔弗雷德·阿德勒
Alfred Adler（1870—1937）

心理学家，个体心理学之父
现代心理学和心理疗法领域最有影响力的人物之一
与弗洛伊德、荣格并称为20世纪三大心理学家
首先强调女权主义的重要性
曾是弗洛伊德学生，后因观点不同而与之决裂

强调整体论，论证应当将病人作为一个"完整的人"来加以研究并给予治疗
赋予预防精神病理学以同等重要的核心地位
创立儿童指导临床体系，阐述了构建民主化家庭结构对于儿童成长的重要性
因有关自卑情结的论述而知名于世，并以此对自尊及其负面补偿的问题给予了解释
终其一生致力于培训教师、社会工作者、心理医生的工作
著有超过300种论文和书籍，涵盖儿童心理学、婚姻、教育以及个体心理学的核心要义

经典作品

《理解人类本性》
《理解生活》
《自卑与超越》
《社会利益》
《个体心理学的实践与理论》

杨蔚

译者,自由撰稿人
"孤独星球(Lonely Planet)"特邀编辑及译者

已出版译作:
《乞力马扎罗的雪》
《太阳照常升起》
《那些忧伤的年轻人》等

自卑与超越

作者 _ [奥] 阿尔弗雷德·阿德勒   译者 _ 杨蔚

产品经理 _ 李佳婕   装帧设计 _ 王雪   技术编辑 _ 顾逸飞
责任印制 _ 梁拥军   出品人 _ 许文婷

营销团队 _ 毛婷 阮班欢

果麦
www.guomai.cn

以 微 小 的 力 量 推 动 文 明

图书在版编目（CIP）数据

自卑与超越 / (奥) 阿尔弗雷德·阿德勒著；杨蔚译. -- 天津：天津人民出版社，2017.9（2025.1重印）
ISBN 978-7-201-12303-5

Ⅰ.①自… Ⅱ.①阿…②杨… Ⅲ.①个性心理学 Ⅳ.①B848

中国版本图书馆CIP数据核字(2017)第210515号

自卑与超越
ZIBEI YU CHAOYUE

出　　版	天津人民出版社
出 版 人	刘锦泉
地　　址	天津市和平区西康路35号康岳大厦
邮政编码	300051
邮购电话	022-23332469
电子信箱	reader@tjrmcbs.com
责任编辑	康嘉瑄
特约编辑	秦晓华
产品经理	李佳婕
装帧设计	王　雪
制版印刷	河北鹏润印刷有限公司
经　　销	新华书店
	果麦文化传媒股份有限公司
开　　本	880毫米×1230毫米　1/32
印　　张	8
印　　数	344,501-349,500
字　　数	193千
版次印次	2017年9月第1版　2025年1月第39次印刷
定　　价	25.00元

版权所有 侵权必究
图书如出现印装质量问题，请致电联系调换（021-64386496）